AF566528

Monte-Carlo-Simulation im Risiko-Controlling

Robin Daume ist Beteiligungs-Controller bei einem international ausgerichteten mittelständischen Unternehmen. Zuvor studierte er Controlling im gleichnamigen Masterstudiengang an der Hochschule für Wirtschaft und Umwelt Nürtingen-Geislingen. Dabei legte er seinen inhaltlichen Schwerpunkt auf den Bereich Risikomanagement und Risiko-Controlling.

Prof. Dr. Dr. Dietmar Ernst ist Professor für International Finance an der International School of Finance (ISF) der HfWU. Er ist Studiendekan und leitet den Masterstudiengang International Finance. Ferner ist er Direktor des European Institutes of Quantitative Finance (EIQF). Zuvor war er Investment-Manager bei einer Private Equity-Gesellschaft und über mehrere Jahre im Bereich Mergers & Acquisitions tätig. Dietmar Ernst hat an der Universität Tübingen Internationale Volkswirtschaftslehre studiert und sowohl in Wirtschaftswissenschaften als auch in Naturwissenschaften promoviert. Er ist Autor von Lehrbüchern und weiteren Veröffentlichungen.

Robin Daume, Dietmar Ernst

Monte-Carlo-Simulation im Risiko-Controlling

Am Beispiel eines Financial Models in Excel

UVK Verlag · München

Cover-Motiv: © iStockphoto MicroStockHub

Bibliografische Information der Deutschen Nationalbibliothek
Die Deutsche Nationalbibliothek verzeichnet diese Publikation in der Deutschen Nationalbibliografie; detaillierte bibliografische Daten sind im Internet über http://dnb.dnb.de abrufbar.

1. Auflage 2022

DOI: https://www.doi.org/10.24053/9783739882000

© UVK Verlag 2022
– ein Unternehmen der Narr Francke Attempto Verlag GmbH + Co. KG
Dischingerweg 5, D-72070 Tübingen

Das Werk einschließlich aller seiner Teile ist urheberrechtlich geschützt. Jede Verwertung außerhalb der engen Grenzen des Urheberrechtsgesetzes ist ohne Zustimmung des Verlages unzulässig und strafbar. Das gilt insbesondere für Vervielfältigungen, Übersetzungen, Mikroverfilmungen und die Einspeicherung und Verarbeitung in elektronischen Systemen.

Alle Informationen in diesem Buch wurden mit großer Sorgfalt erstellt. Fehler können dennoch nicht völlig ausgeschlossen werden. Weder Verlag noch Autor:innen oder Herausgeber:innen übernehmen deshalb eine Gewährleistung für die Korrektheit des Inhaltes und haften nicht für fehlerhafte Angaben und deren Folgen. Diese Publikation enthält gegebenenfalls Links zu externen Inhalten Dritter, auf die weder Verlag noch Autor:innen oder Herausgeber:innen Einfluss haben. Für die Inhalte der verlinkten Seiten sind stets die jeweiligen Anbieter oder Betreibenden der Seiten verantwortlich.

Internet: www.narr.de
eMail: info@narr.de

CPI books GmbH, Leck

ISBN 978-3-7398-3200-5 (Print)
ISBN 978-3-7398-8200-0 (ePDF)
ISBN 978-3-7398-0590-0 (ePUB)

Vorwort

Das **Controlling** gehört zu den wichtigsten Entscheidungsunterstützungsfunktionen in Unternehmen. Das Management kann sich darauf verlassen, bei Entscheidungen auf fundierte Informationen aus dem Controlling zurückgreifen zu können. Auch das **Risiko-Controlling** in Unternehmen hat sich in den letzten Jahren weiterentwickelt. Während sich in Banken und Versicherungen das Thema Risikomanagement aufgrund von Gesetzen und regulatorischen Vorgaben zu einer Kernkompetenz entwickelte, führte das Risikomanagement in Unternehmen lange Zeit ein Stiefmütterchendasein. Dies hat sich grundlegend mit dem **Gesetz zur Kontrolle und Transparenz im Unternehmensbereich (KonTraG)** geändert, das 1998 beschlossen wurde. Im Kern besteht dieses Gesetz aus der Verpflichtung des Vorstands, „geeignete Maßnahmen zu treffen, insbesondere ein Überwachungssystem einzurichten, damit den Fortbestand der Gesellschaft gefährdende Entwicklungen früh erkannt werden“[1]. Diese Regelungen gelten auch analog für die Rechtsform der GmbH („Ausstrahlwirkung“). Mit dem IDW PS 340 n.F. veröffentlichte das Institut der Wirtschaftsprüfer (IDW) einen deutschen Prüfstandard, der die Prüfung von Risikofrüherkennungssystemen der Unternehmen vorsieht. In den Beschreibungen des **IDW PS 340 n.F.** werden zukünftige, ungünstige Entwicklungen einem unternehmerischen Risiko zugeordnet. Im Vergleich zum Aktiengesetz beschreibt der Prüfstandard negative Abweichungen, ohne den Fokus auf das Worst-Case-Szenario zu setzen. Im Jahr 2021 wurden zwei Gesetze verabschiedet, die dem Risikomanagement und Risiko-Controlling weitere Bedeutung beimessen: Das StaRUG (Gesetz über den Stabilisierungs- und Restrukturierungsrahmen für Unternehmen) und das FISG (Gesetz zur Stärkung der Finanzmarktintegrität).

Das **StaRUG** spielt für die Risikofrüherkennung eine zentrale Rolle. Zu betonen ist, dass das StaRUG alle juristischen Personen betrifft. So sind alle juristischen Personen dazu verpflichtet, im Rahmen ihrer Krisenfrüherkennung mögliche „bestandsgefährdenden Entwicklungen“ zu erkennen und „geeignete Gegenmaßnahmen“ zu ergreifen, sobald eine schwere Krise droht.

Das **FISG** ist ein Änderungsgesetz, welches eine Vielzahl an bestehenden Gesetzen abändert oder ergänzt. Ein direkter Bezug zu Corporate

[1] § 91 Abs. 2 AktG.

Governance Systemen ergibt sich aus den Anpassungen des AktG in § 91 Abs. 3 sowie § 107 Abs. 4. Künftig muss ein Vorstand einer börsennotierten Gesellschaft sowohl ein Internes Kontrollsystem als auch ein Risikomanagementsystem einrichten (siehe § 91 Abs. 3 AktG n.F.).

Die Gesetze und Prüfungsstandards fordern von Unternehmen, Risiken zu identifizieren, zu quantifizieren und zu aggregieren. Denn es sind im Allgemeinen nicht Einzelrisiken, sondern Kombinationseffekte von Einzelrisiken, die bestandsgefährdende Entwicklungen auslösen. Die **Risikoaggregation** ist somit eine wesentliche Anforderung an ein modernes Risikomanagementsystem. Mit der Risikoaggregation wird das Ziel verfolgt, die Gesamtrisikoposition eines Unternehmens zu bestimmen und die Kombinationseffekte der Einzelrisiken zu erfassen. Dies kann nur durch eine Risikosimulation im Sinne der Monte-Carlo-Simulation gewährleistet werden.

Die Ergebnisse der Monte-Carlo-Simulation werden dann in der **Risikoanalyse** aufbereitet und ausgewertet. Sie dienen als Grundlage für unternehmerische Entscheidungen. Die Risikoanalyse liefert die Ausgangsbasis für alle weiteren Schritte der Maßnahmenplanung und -bewertung wie auch für die Risikoüberwachung.

Wir sehen, dass die Monte-Carlo-Simulation ein zentraler Baustein im Risikomanagementprozess darstellt, ohne den die o.g. gesetzlichen Anforderungen nicht erfüllt werden können. Das **Risiko-Controlling** dient als Unterstützungsfunktion für das Risikomanagement und die Unternehmensführung, indem es Informationen, Instrumente und Prozesse für den Umgang mit Risiken bereitstellt. Es trägt dazu bei, Risiken zu identifizieren, zu quantifizieren, zu aggregieren, zu steuern, zu kontrollieren und zu kommunizieren, um bestandsgefährdende Bedrohungen zu vermeiden und die Unternehmensexistenz zu gewährleisten.

Ziel dieses Buches ist es, am Beispiel eines **Financial Models in Excel** zu zeigen, wie die **Monte-Carlo-Simulation** im Risiko-Controlling **praxisnah** angewendet werden kann. Dazu haben wir eine **Fallstudie** erarbeitet, an derer die einzelnen Schritte der Quantifizierung, Aggregation und Risikoauswertung für einen Business Plan nachvollzogen werden kann.

Wer Interesse am Thema Risikomanagement bekommen hat, empfehlen wir den „Certified Financial Engineer (CFE) im Risikomanagement“. In diesem Zertifikatslehrgang lernen Sie Schritt für Schritt in Excel die Modellierung der quantitativen Methoden, die Sie im Risiko-Controlling besitzen müssten. Erfahren Sie mehr unter www.certified-financial-engineer.de

An dieser Stelle möchten wir Herrn Dr. Jürgen Schechler vom Verlag UVK für seine professionelle Unterstützung bei der Umsetzung dieses Buchprojektes danken. Ferner gilt unser Dank Herrn Prof. Dr. Werner Gleißner für seine fachliche Unterstützung und Herrn Dr. Uwe Wehrspohn von der Wehrspohn GmbH, der uns mit Risk Kit ein professionelles Excel-Add-In für die Monte-Carlo-Simulation zur Verfügung gestellt hat. Wir wünschen allen Leserinnen und Lesern interessante Erkenntnisse. Für Fragen und Anregungen stehen wir Ihnen gerne unter info@eiqf.de zur Verfügung.

Robin Daume und Dietmar Ernst

Inhaltsverzeichnis

Abkürzungsverzeichnis

AktG	Aktiengesetz
BilMog	Gesetz zur Modernisierung des Bilanzrechts
EBIT	Earnings Before Interests and Taxes
EVA	Economic Value Added
F&E	Forschung und Entwicklung
FIFO	First in, first out
FISG	Gesetz zur Stärkung der Finanzmarktintegrität
GJ	Geschäftsjahr
GuV	Gewinn- und Verlustrechnung
HGB	Handelsgesetzbuch
IDW	Institut der Wirtschaftsprüfer in Deutschland e.V.
KonTraG	Kontroll- und Transparenzgesetz
KPI	Key-Performance-Indicator
LIFO	Last in, first out
MCS	Monte-Carlo-Simulation
PS	Prüfstandard
RMS	Risikomanagementsystem
ROCE	Return on Capital Employed
ROI	Return on Investment
StaRUG	Unternehmensstabilisierungs- und -restrukturierungsgesetz
StVA	STAHL AG Value Added
VaR	Value at Risk
VBA	Visual Basic for Applications
WACC	Weighted Average Cost of Capital
WC	Working Capital

Abbildungsverzeichnis

Tabellenverzeichnis

1 Management Summary - Revolution im Controlling

Auslöser: Die rasante Weiterentwicklung der nationalen und internationalen Gesetzeslage im Bereich des Risikomanagements hat auch eine Weiterentwicklung des Konzern-Controllings zur Folge. Das Aktiengesetz und auch Prüfstandards von WP-Gesellschaften schreiben eine Verpflichtung von Risikomanagement und insbesondere die Risikoquantifizierung vor. Viele weitere Gesetzestexte und Normen liefern Hinweise auf direkte, aber auch indirekte Verpflichtungen zur Errichtung eines Risikoüberwachungssystems.

Monte-Carlo-Simulation als Lösung: Die Monte-Carlo-Simulation kann als Verknüpfung des Risikomanagements mit dem Konzern-Controlling verstanden werden. Dieses Tool stellt den Übergang von der klassischen Unternehmensplanung hin zur Bandbreitenplanung dar. Die klassische Unternehmensplanung versteift sich auf eine mögliche Ausprägung der Kennzahl, wohingegen die Monte-Carlo-Simulation eine ganze Bandbreite an möglichen Entwicklungen der zugrundeliegenden Kennzahl, unter Berücksichtigung aller relevanten Risiken, ermitteln kann:

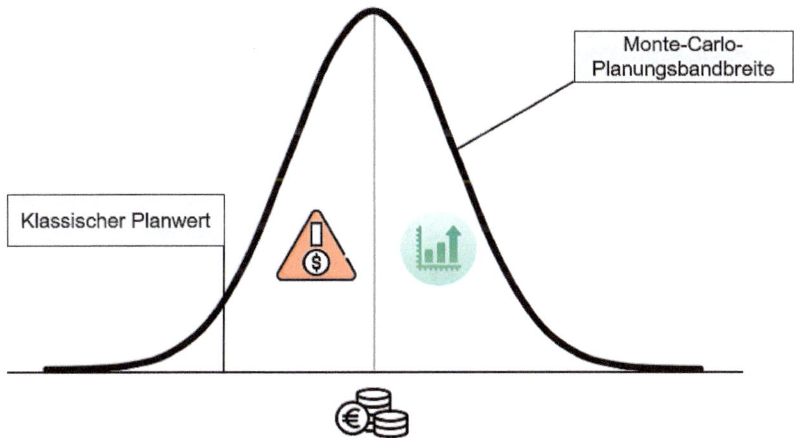

Abb. 1: Klassischer Planwert und Monte-Carlo-Simulation
Quelle: Eigene Darstellung.[2]

Nutzen: Die Monte-Carlo-Simulation trägt einen wesentlichen Teil dazu bei, Risiken frühzeitig zu erkennen und zu quantifizieren. Mit anderen Worten werden Risiken aufgedeckt und steuerbar gemacht. Der primäre Nutzen dieses Tools liegt somit in der Reduzierung der Eintrittswahrscheinlichkeit und des Schadenspotentials. Neben der **Risikoprävention** erhält das Konzern-Controlling einen deutlich umfangreicheren Informationsgehalt in Bezug auf Risiko und potenzielles Chancenverhalten der geplanten Kennzahl. Der Nutzen kann schon mit wenigen Eingabeparametern in der Monte-Carlo-Software kostengünstig ausgeschöpft werden.

Dienstleister: Als bester Dienstleister für eine Monte-Carlo-Software hat das Konzern-Controlling das Produkt „**Risk Kit**" des Unterneh-

---

[2] Vgl. Freepik Company S.L. (Hrsg.) 2021, online.

mens WEHRSPOHN Gmbh & Co. KG ausgewählt. Die Auswahlkriterien lauten wie folgt:

- **Kosten**: „Risk Kit“ schneidet im Vergleich zu konkurrierenden Produkten am kostengünstigsten ab und liefert alle wichtigen Funktionalitäten, die wir für unser Unternehmen benötigen.
- **Intuitiv**: Die Benutzeroberfläche ist intuitiv und „spielerisch“ leicht bedienbar.
- **Support**: regelmäßige Updates seitens des Herstellers sorgen für ein immer besserwerdendes Produkt.
- **Initialisierung**: Überschaubare und nachvollziehbare Anleitungen gepaart mit Youtube-Videos und einem guten Kundenservice runden eine unkomplizierte Initialisierungsphase ab.

An dieser Stelle möchten wir betonen, dass es auch weitere Anbieter von Monte-Carlo-Simulationsprogrammen als Excel-Add-Ins gibt, die genauso den Anforderungen des Risiko-Controllings entsprechen. Dazu zählen beispielsweise Crystal Ball, @Risk oder andere.

Budget: Um „Risk Kit“ in unserem Unternehmen einführen zu können, benötigt das Konzern-Controlling ein zusätzliches Budget, das sich neben den Lizenzschlüsseln auf interne Arbeitsstunden zur Beschaffung aller relevanten Daten der Monte-Carlo-Software stützt. Der Break-even-point dieser Investition ist laut internen Expertenmeinungen bereits nach wenigen Monaten erreicht, weil der beschriebene Nutzen in Form von Risikoprävention und zielgerichtetem Reporting die Kosten schnell übersteigt.

2 Monte-Carlo-Simulation in der Controlling-Literatur

In diesem Kapitel werden die wichtigsten **Veröffentlichungen** der Monte-Carlo-Simulation, mit Bezug zum Controlling, aufgearbeitet. Zum einen werden die inhaltlichen Schwerpunkte in Lehrbüchern analysiert, zum anderen mögliche Trendbewegungen in wissenschaftlichen Artikeln identifiziert. Hieraus ergibt sich eine thematische Betrachtungsweise im Rahmen der Lehrbücher und eine chronologische Betrachtungsweise im Bereich der wissenschaftlichen Artikel. Der Fokus dieses Kapitels liegt dabei auf deutsch- und englischsprachigen Lehrbüchern und wissenschaftlichen Artikeln.

2.1 Bücher

2.1.1 Bücher in Deutsch

In der deutschsprachigen Literatur gilt *Prof. Dr. Werner Gleißner* als führender Autor von stochastischen Simulationsmodellen im Controlling. Der Forschungsansatz von *Gleißner* deckt dabei nicht nur das Risikomanagement, sondern auch Thematiken rund um Rating und Unternehmensbewertungen ab. *Gleißner's* Forschungsaktivitäten zielen u. a. auf die Risikoquantifizierung und Risikoaggregation ab, die er in seinem Buch *Risikoaggregation und Monte-Carlo-Simulation – Schlüsseltechnologie für Risikomanagement und Controlling*[3], mit Unterstützung von *Marco Wolfrum*, ausführlich darstellt.

Zu Beginn des Buches, das im Jahr 2019 veröffentlich wurde, werden grundsätzliche Begriffe und Zusammenhänge im Bereich Risikomanagement erklärt. In diesem Kapitel nehmen die Autoren auch auf die rechtliche Grundlage des Aktiengesetzes und des Kontroll- und Transparenzgesetzes (KonTraG) Bezug. Mit dem KonTraG wurde im Jahr 1998 ein Gesetz veröffentlicht, das eine persönliche Haftung für Vorstände und Geschäftsführer vorsieht. Das Gesetz wurde aufgrund von spektakulären Unternehmenszusammenbrüchen, die durch Missmanagement entstanden sind, verabschiedet. Die Autoren beschreiben in diesem Teilkapitel die rechtlichen Grundlagen, die als Basis zur Einführung eines Risikomanagementsystems (RMS) herangezogen werden müssen.

Im dritten und vierten Kapitel wird die Risikoquantifizierung und -aggregation theoretisch und inhaltlich beschrieben. Um ein Risiko quantifizieren zu können, soll im ersten Schritt eine dem Risiko beschreibende Wahrscheinlichkeitsverteilung mit spezifischen Parametern herangezogen werden. Anschließend gehen die Autoren auf die Risikoaggregation ein, die nicht nur theoretisch, sondern auch inhaltlich am Beispiel einer einfachen Risikotabelle, mögliche Kombinationseffekte von Risiken veranschaulicht. Abgerundet wird das vierte Kapitel mit einer Simulation quantitativer Risiken am Beispiel einer Plan-GuV eines fiktiven Unternehmens.[4]

Ein weiteres Beispiel zur Integration der Monte-Carlo-Simulation im Controlling beschreiben die Autoren *Claudia Maron*, *Anja Burgermeister* und *Stephen Walter*. Der Bericht *Digital meets Finance by DATEV*,

[3] Vgl. Gleißner; Wolfrum 2019.

[4] Vgl. Gleißner; Wolfrum 2019, S. 3-6; S.15-44.

der von Digitalisierungsstrategien in der Unternehmensplanung handelt, wurde im Sammelwerk *Digitalisierung & Controlling – Technologien, Instrumente, Praxisbeispiele* im Jahr 2018 veröffentlicht. Der Fokus dieses Artikels liegt besonders auf dem Vergleich von der klassischen Planung, treiberbasierten Planung, Business Analytics in der Planung und der Planung bzw. Forecast mit der Monte-Carlo-Simulation, die bei der DATEV eG als Endstufe definiert ist. Die Autoren begründen diese oberste Planungsstufe mit den unzähligen Ergebnismöglichkeiten, die sich zwangsläufig aus der Zukunft ergeben und mit der Monte-Carlo-Simulation abgebildet werden können.[5]

Der Artikel unterscheidet sich von dem im Jahr 2019 veröffentlichten Buch von *Werner Gleißner* und *Marco Wolfrum* dahingehend, dass keine konkreten Beispiele simuliert werden, sondern die Monte-Carlo-Simulation als Planungstool in der Theorie in den Aufgabenbereich des Controllers eingeordnet wird.

Ein weiteres Literaturbeispiel wurde von *Prof. Dr. Karsten Oehler*, der Finanzprofessor an einer Hochschule in Frankfurt ist, in dem Sammelwerk *Strategische Unternehmensführung mit Advanced Analytics – Neue Möglichkeiten von Big Data für Planung und Analyse erkennen und nutzen*, im Jahr 2017 veröffentlicht. Mit seinem Beitrag *Simulation im Controlling: Möglichkeiten und Chancen durch moderne Werkzeuge und Predictive Analytics* beschreibt *Oehler* die verschiedenen Vorstufen einer Monte-Carlo-Simulation. In erster Stufe wird die What-if-Simulation beschrieben, die mit den Worten „Was wäre, wenn“ übersetzt werden kann. Darunter kann eine Simulation im Bereich einer einfachen Deckungsbeitragsrechnung im Controlling verstanden werden, die auf Veränderungen im Falle eines variablen Kostenanstieges oder Umsatzrückganges entsprechende Antworten liefert. Mit der Anwendung Goal Seeking wird eine weitere Möglichkeit beschrieben, in der eine Zielgröße mit ihren Eingabeparametern so lange optimiert wird, bis die Zielgröße den definierten Wunschzustand erreicht hat. An einem Beispiel erklärt werden vorangegangene Variablen einer ROI-Kennzahl erhöht bzw. verringert, bis ein Return on Investment von 15 % (definierte Zielgröße) erreicht wird. Mit der letzten Punktprognose beschreibt *Oehler* die bekannte Szenario-Analyse, die er als erweiterten Ansatz der What-if-Simulation betrachtet. Mit der stochastischen Simulation mittels der Monte-Carlo-Simulation, entkräftet *Oehler* die zuvor beschriebenen Simulationen. Die Vorteile, die der Autor beschreibt, liegen insbesondere in der Bandbreitenplanung, die der klassischen Planung in

---

[5] Vgl. Maron; Burgermeister; Walter 2018, S. 129-144.

der Generierung von möglichen Werten überlegen ist, und der Berücksichtigung des Risikos, das mit der Monte-Carlo-Simulation abgedeckt ist.

Prof. Dr. Karsten Oehler stellt in dem Sammelwerk den Charakter verschiedener Simulationsarten in den Vordergrund und vergleicht deren spezifischen Vor- und Nachteile.[6] Im Gegensatz zu den bereits vorgestellten Veröffentlichungen grenzt sich der Autor mit seinem Themenschwerpunkt, der auf den Simulationen liegt, ab. Wie eine Monte-Carlo-Simulation in der unternehmerischen Praxis implementiert und im Controlling ausgestaltet werden kann, wird in diesem Sammelwerk nicht beschrieben.

Die nachfolgende Tabelle 1 veranschaulicht weitere Literatur aus dem Bereich Controlling, die einen Bezug zur Monte-Carlo-Simulation herstellt. Zudem werden die Themenschwerpunkte der jeweiligen Publikation prägnant dargestellt.

Autoren und Buchtitel	**Jahr**	**Themenschwerpunkt**
RATHGEB, P.; WALTER, B.: Risikoabbildung im Kreditrisikomanagementprozess, im Sammelwerk von: Seethaler, P; Steitz, M. (Hrsg.): Praxishandbuch Treasury-Management – Leitfaden für die Praxis des Finanzmanagements, S. 432-456.	2007	Financial Controlling und Treasury mit dem Fokus auf Kreditrisiken
GLEIẞNER, W.: Risikomanagement: Unternehmenswert als Risikomaßstab kombiniert Ertrag und Risiko, im Sammelwerk von: Gleich, R. (Hrsg.): Moderne Controllingkonzepte – Zukünftige Anforderungen erkennen und integrieren, S. 159-176.	2015	Kombination aus Risikomanagement und Controlling inkl. Zahlenbeispiel einer Monte-Carlo-Simulation mit Fokus auf das Rating
GLEIẞNER, W.; KALWAIT, R.: Integration von Risikomanagement und Controlling: Plädoyer für einen neuen Umgang mit Planungsunsicherheit im Controlling, im Sammelwerk von: Gleißner, W.; Klein, A. (Hrsg.):	2017	Integration von Risikomanagement und Controlling inkl. Zahlenbeispiel einer Monte-Carlo-

[6] Vgl. Oehler 2017, S. 63-80.

Risikomanagement und Controlling – Chancen und Risiken erfassen, bewerten und in die Entscheidungsfindung integrieren, S. 39-51.		Simulation mit Fokus auf eine Plan-GuV

Tabelle 1: Monte-Carlo-Simulation im Controlling – Bücher (Deutsch)

Quelle: Eigene Darstellung in Anlehnung an: Rathgeb, P.; Walter, B. (2007): Risikoabbildung im Kreditrisikomanagementprozess, in: Seethaler, P; Steitz, M. (Hrsg.) (2007): Praxishandbuch Treasury-Management – Leitfaden für die Praxis des Finanzmanagements, 1. Aufl., Wiesbaden: GWV Fachverlage GmbH, S. 432-456.; Gleißner, W. (2015): Risikomanagement: Unternehmenswert als Risikomaßstab kombiniert Ertrag und Risiko, in: Gleich, R. (Hrsg.) (2015): Moderne Controllingkonzepte – Zukünftige Anforderungen erkennen und integrieren, 1. Aufl., München: Haufe-Lexware GmbH & Co. KG, S. 159-176.; Gleißner, W.; Kalwait, R. (2017): Integration von Risikomanagement und Controlling: Plädoyer für einen neuen Umgang mit Planungsunsicherheit im Controlling, in: Gleißner, W.; Klein, A. (Hrsg.) (2017): Risikomanagement und Controlling – Chancen und Risiken erfassen, bewerten und in die Entscheidungsfindung integrieren, 2. Aufl., München: Haufe-Lexware GmbH & Co. KG, S. 39-51.

2.1.2 Bücher in Englisch

Dr. John Charnes veröffentliche mit *Financial Modeling with Crystal Ball and Excel* im Jahr 2012 sein Einzelwerk, das Statistikern, Finanzanalysten und Interessierte ähnlicher Disziplinen bei der Interpretation von Ergebnissen mit Oracle Crystal Ball unterstützen soll. Der Fokus des Einzelwerks liegt auf dem Bereich Corporate Finance, Investments und Derivatives. *John Charnes* arbeitete in der Vergangenheit u. a. als Senior Vice President im Bereich Enterprise Credit Risk bei der Bank of America in Charlotte und war Professor an der University of Kansas und unterrichtete das Fach Financial Risk Analysis.

John Charnes beschreibt im dritten Kapitel den Aufbau eines Crystal Ball Modells und das Vorgehen zur Bestimmung von Modellannahmen mit Microsoft Excel. Im darauffolgenden Kapitel werden die zugrunde liegenden Wahrscheinlichkeitsverteilungen beschrieben, die ausschlaggebend für ein Monte-Carlo-Modell sind. Kapitel 10 und 14 beinhalten Definitionen und Interpretationen zu Risikomaßen wie dem Value at Risk (VaR) und dem Expected Loss.[7]

Ein weiteres Beispiel zur Monte-Carlo-Simulation in der englischsprachigen Literatur liefert *Prof. Carol Alexander*, die ihr Buch *Market Risk*

---

[7] Vgl. Charnes 2012, preface S. xi-xiii; S. 29-64; S. 155-157; S. 221-227.

Analysis: Quantitative Methods in Finance im Jahr 2008 veröffentlichte. Das Einzelwerk bietet im Vergleich zum Buch von *John Charnes* deutlich ausführlichere Beschreibungen zu univariaten und multivariaten Wahrscheinlichkeitsverteilungen. Darüber hinaus werden mit einer kleinen Fallstudie Zeitreihen zu Vermögenspreisen simuliert und mit Interpretationen beschrieben. Im Vergleich zu *John Charnes*' Veröffentlichung legt *Carol Alexander* den Fokus auf mathematische Formeln der Statistik, die das notwendige Verständnis der softwaregestützten Monte-Carlo-Simulation schärfen.[8]

Autoren und Buchtitel	Jahr	Themen-schwerpunkt
JÄCKEL, P.: Monte Carlo Methods in Finance, 1. Aufl., Chichester: John Wiley & Sons Inc.	2002	Mathematik hinter der Monte-Carlo-Simulation

Tabelle 2: Monte-Carlo-Simulation im Controlling – Bücher (Englisch)

Quelle: Eigene Darstellung in Anlehnung an: Jäckel, P. (2002): Monte Carlo Methods in Finance, 1. Aufl., Chichester: John Wiley & Sons Inc.

2.2 Wissenschaftliche Artikel

2.2.1 Wissenschaftliche Artikel in Deutsch

Bereits im Jahr 2003 wurde ein Bericht zur stochastischen Planung von *Werner Gleißner* und *Thilo Grundmann* im *Controlling Heft 9* der Zeitschrift *Controlling – Zeitschrift für erfolgsorientierte Unternehmenssteuerung* veröffentlicht. Die beiden Autoren erkannten schon zu dieser Zeit das zukunftsorientierte Controlling als einen großen Erfolgsfaktor der Unternehmenssteuerung. Jedoch ergibt sich die Herausforderung des zukunftsorientierten Controllings mit dem Zukunftsbezug, der zwangsläufig mit der Unsicherheit und Unvorhersehbarkeit einhergeht. Der Wandel zu einem chancen- und risikoorientierten Controlling führt dazu, dass zukünftige Entwicklungen diskutierbar und greifbar gemacht werden. *Gleißner* und *Grundmann* empfehlen im ersten Schritt die Festlegung der Zielgrößen zur Unternehmenssteuerung, bevor mit der stochastischen Planung begonnen werden kann. Anschließend wird die Unternehmensplanung um stochastische Komponenten erweitert, indem kritische Inputgrößen einer Kennzahl um mögliche Bandbreiten ergänzt werden, in denen sich Inputgrößen bewegen kön-

[8] Vgl. Alexander 2008, S. 85-117; S. 217-223.

nen. Als Beispiel kann ein Umsatzrückgang von Kleinkunden durch eine Standardabweichung von 10 % vom Erwartungswert angenommen werden. Die beiden Autoren schließen den Beitrag mit der Risikoaggregation mittels der Monte-Carlo-Simulation ab.[9]

Im Jahr 2004 folgten zwei unabhängige Beiträge in der Zeitschrift *Controlling & Management review*, die unmittelbar mit der Monte-Carlo-Simulation in Verbindung stehen:

- Kropp, M.; Gillenkirch, R. (2004): Controlling von Finanzrisiken in Industrieunternehmen, in: Zeitschrift für Controlling & Management 03/04, S. 86-96.
- Homburg, C.; Stephan, J. (2004): Kennzahlenbasiertes Risiko-Controlling in Industrie- und Handelsunternehmen, in: Zeitschrift für Controlling & Management 05/04, S. 313-325.

Die Autoren beider Beiträge befassen sich inhaltlich stark mit Thematiken, die im Risiko-Controlling zum Tragen kommen. Der Fokus liegt auf der Beschreibung risikoadjustierter (Finanz-)Kennzahlen und Risikomaßen im Risiko-Controlling. Neben der Definition des Value at Risk oder Cash Flow at Risk wird die Risikoaggregation als Methode zur Ermittlung dieser Größen ausgeführt. Anhand von Zahlenbeispielen werden Ergebnisse ermittelt und Interpretationen durchgeführt. Der Beitrag von *Homburg* und *Stephan* unterscheidet sich zu der Veröffentlichung von *Kropp* und *Gillenkirch* dahingehend, dass der Fokus stärker auf risikoadjustierten Performancemaßen liegt, weshalb die Autoren in diesem Bereich einen größeren Mehrwert für den eigenen Praxisteil im Buch schaffen können.[10]

Prof. Dr. Hans Bleuel gelang es im Jahr 2006 mit seinem Beitrag *Monte-Carlo-Analysen im Risikomanagement mittels Software-Erweiterung zu MS-EXCEL* in *Controlling – Zeitschrift für erfolgsorientierte Unternehmenssteuerung*, ein eigenes Fallbeispiel zu veröffentlichen. Dieses Fallbeispiel grenzt sich von den zuvor recherchierten Fallstudien im Bereich der Zielgröße ab, da *Bleuel* den ROCE in % anstelle eines absoluten Wertes, wie z. B. den EBIT, betrachtet. Darüber hinaus wird der Prozess der Monte-Carlo-Simulation in der Theorie beschrieben und anschließend anhand des Fallbeispiels inkl. Interpretationen kombiniert. Dadurch schafft *Bleuel* eine optimale Verzahnung aus Theorie und Praxis. Außerdem werden Hinweise über die Ermittlung zutreffen-

---

[9] Vgl. Gleißner; Grundmann 2003, S. 459-466.

[10] Vgl. Kropp; Gillenkirch 2004, S. 86-96.; Homburg; Stephan 2004, S. 313-325.

der Wahrscheinlichkeitsverteilungen, unter Berücksichtigung verschiedenster Variablen, geliefert.[11]

Vor dem Hintergrund der Diskussion um ein Better-Budgeting oder Beyond-Budgeting, machte *Werner Gleißner* in seinem 2008 erschienenen Beitrag *Erwartungstreue Planung und Planungssicherheit* in *Controlling – Zeitschrift für erfolgsorientierte Unternehmenssteuerung* auf den notwendigen Aspekt der risikoorientierten Budgetierung aufmerksam, den beide Budgetierungsarten gemein haben sollten. Als Lösung nennt *Gleißner* ein chancen- und risikoorientiertes Controlling, das den Risikofaktor bei beiden Budgetierungsarten abdeckt. *Gleißner* erklärt am Beispiel einer Dreiecksverteilung den Budgetierungsprozess eines fiktiven Unternehmens, der durch eine Umsatzverteilung mittels der Monte-Carlo-Simulation visualisiert wird. Im Artikel nennt *Werner Gleißner* das Vorgehen zur Bestimmung eines minimalen, maximalen und wahrscheinlichsten Umsatzes und kommt dabei auf Experten oder historische Umsätze als Informationsquelle zu sprechen.[12]

Neue Erkenntnisse aus der Praxis liefern die Experten *Hans-Jürgen Holtrup, Ulf Cormann, Thomas Denny* und *Benedikt Krasenbrink*, die zum Zeitpunkt der Veröffentlichung im RWE Konzern-Controlling und Risikomanagement tätig sind. Mit dem Beitrag *Mit Risikoszenarien steuern*, der im Jahr 2018 in der Zeitschrift *Controlling & Management Review* erschienen ist, gelingt es den Autoren den Fokus auf das Risiko-Reporting zu legen. Im Wesentlichen soll mit dem Beitrag die Frage beantwortet werden, wie von komplexen und für Außenstehende unverständlichen stochastischen Modellen abgewichen werden kann und trotzdem die relevanten Informationen auf Managementebene übertragen werden können. Dieses Vorhaben kann dann gelingen, wenn mittels der Monte-Carlo-Simulation ähnliche Simulationsergebnisse einer Variable geclustert werden und diese anschließend in Risikoszenarien münden. Daraufhin müssen diese Risikoszenarien in ein Portfolio, das in bestandsbedrohende oder unkritische Szenarien aufgeteilt werden kann, übertragen werden. Auf diese Art und Weise kann das Management risikorelevante Informationen in Entscheidungen integrieren und Risikoszenarien priorisieren.[13]

Die nachfolgende Tabelle 3 liefert Hinweise auf weitere Veröffentlichungen, die Monte-Carlo-Simulationen behandeln.

---

[11] Vgl. Bleuel 2006, S. 371-378.

[12] Vgl. Gleißner 2008, S. 81-87.

[13] Vgl. Holtrup et al. 2018, S. 16-23.

Autoren und Buchtitel	Jahr	Themenschwerpunkt
GLEIẞNER, W.: Die Aggregation von Risiken im Kontext der Unternehmensplanung, in: Zeitschrift für Controlling & Management 05/04, S. 350-359.	2004	Risikoaggregation mit Monte-Carlo-Simulation in der Planung inkl. Fallbeispiel
GLEIẞNER, W.: Bandbreitenplanung, Planungssicherheit und Monte-Carlo-Simulation mehrerer Planjahre, in: Controller Magazin 04/16, S. 16-23.	2016	Risikoaggregation mit Monte-Carlo-Simulation in der Planung inkl. Fallbeispiel
BLIEFERT, F.: Monte-Carlo-Planung in Excel, in: Controller Magazin 05/17, S. 34-37.	2017	Monte-Carlo-Simulation mit einem VBA-Skript erklärt an einem kleinen Fallbeispiel
SCHILLING, B.: Risikoadjustierte Unternehmensplanung – Integration von Unternehmensplanung und Risikomanagement, in: Controller Magazin 06/18, S. 30-36.	2018	Risikoadjustierte Planung mit Bezug zur Risikoquantifizierung und Monte-Carlo-Simulation
GLEIẞNER, W.; KAMARÁS, E.: Volkswirtschaftliche Risiken und deren betriebswirtschaftliche Konsequenzen, in: Der Betrieb 34/20, S. 1745-1753.	2020	Auswirkungen der Corona-Krise auf die Volkswirtschaft und mögliche Risiken für die Betriebswirtschaft. Fallbeispiel zur Monte-Carlo-Simulation u. a. am Beispiel des BIP-Wachstums 2021

Tabelle 3: Monte-Carlo-Simulation im Controlling – wissenschaftliche Artikel (Deutsch)

Quelle: Eigene Darstellung in Anlehnung an: Gleißner, W. (2004): Die Aggregation von Risiken im Kontext der Unternehmensplanung, in: Zeitschrift für Controlling & Management 05/04, S. 350-359.; Schilling, B. (2018): Risikoadjustierte Unternehmensplanung – Integration von Unternehmensplanung und Risikomanagement, in: Controller Magazin 06/18, S. 30-36.; Gleißner, W. (2016): Bandbreitenplanung, Planungssicherheit und Monte-Carlo-Simulation mehrerer Planjahre – Risikoaggregation – auch über die Zeit, in: Controller Magazin 04/16, S. 16-23.; Bliefert, F. (2017): Monte-Carlo-Planung in Excel, in: Controller Magazin 05/17, S. 34-37.; Gleißner, W.; Kamarás, E. (2020): Volkswirtschaftliche Risiken und deren betriebswirtschaftliche Konsequenzen, in: Der Betrieb 34/20, S. 1745-1753.

2.2.2 Wissenschaftliche Artikel in Englisch

Victor Platon und *Andreea Constantinescu* beschreiben im Bericht *Monte Carlo Method in risk analysis for investment projects*, der im Jahr 2014 in *Procedia Economics and Finance* erschien, inwiefern die Monte-Carlo-Simulation Anwendung bei Investitionsprojekten findet. Die Autoren beschreiben vor dem Hintergrund der internen Zinsfußmethode und des Kapitalwerts, welche Vorteile mittels der stochastischen Simulation realisiert werden können. Ein wesentlicher Vorteil beschränkt sich auf das Erkennen der Risiken, die sich auf wirtschaftlicher und finanzieller Seite realisieren können. Die bewerteten und aggregierten Risiken werden in der Veröffentlichung als Diskussionsgrundlage und Handlungsempfehlung für das Management beschrieben.[14]

Im Jahr 2015 veröffentlichten *Cathérine Grias* und *Matthias Meyer* eine empirische Studie mit dem Titel *Use of Monte Carlo simulation: an empirical study of German, Austrian and Swiss controlling departments* in dem *Journal of Management Control*. Das Ziel der Studie war es, herauszufinden, inwiefern die Monte-Carlo-Simulation als anerkanntes Werkzeug in Unternehmen etabliert ist. Für dieses Vorhaben wurden 445 Unternehmen aus Deutschland, Österreich und der Schweiz befragt. *Grias* und *Meyer* stellten dabei fest, dass 80,7 % der betrachteten Unternehmen die Monte-Carlo-Simulation nicht verwenden, 61,1 % lediglich über Basiswissen verfügen und nur 31,8 % einen hohen Mehrwert in der Simulation sehen. Jedoch zeigten die Untersuchungen, dass die Nutzung der Monte-Carlo-Simulation im Controlling unmittelbar vor dem Jahr 2015 angestiegen ist und weiterhin ansteigen wird.[15]

Autoren und Buchtitel	Jahr	Themenschwerpunkt
ZAKHARY, A. ET AL.: Forecasting hotel arrivals and occupancy using Monte Carlo simulation, in: Journal of Revenue and Pricing Management Vol. 10 04/11, S. 344-366.	2011	Monte-Carlo-Simulation im Hotelcontrolling zur Auslastungsplanung unter Berücksichtigung saisonaler Schwankungen

[14] Vgl. Platon; Constantinescu 2014, S. 393-400.

[15] Vgl. Grisar; Meyer 2015, S. 249-273.

GRISAR, C.; MEYER, M.: Use of simulation in controlling research: a systematic literature review for German-speaking countries, in: Management Review Quarterly 02/16, S. 117-157.	2016	Literaturanalyse zur Monte-Carlo-Simulation im Controlling

Tabelle 4: Monte-Carlo-Simulation im Controlling – wissenschaftliche Artikel (Englisch)

Quelle: Eigene Darstellung in Anlehnung an: Zakhary, A. et al. (2011): Forecasting hotel arrivals and occupancy using Monte Carlo simulation, in: Journal of Revenue and Pricing Management Vol. 10 04/11, S. 344-366.; Grisar, C.; Meyer, M. (2016): Use of simulation in controlling research: a systematic literature review for German-speaking countries, in: Management Review Quarterly 02/16, S. 117-157.

Mit der Analyse der Monte-Carlo-Simulation in der Controlling-Literatur haben sich die Autoren zum Ziel gesetzt, eine Bestandsaufnahme durchzuführen, die Einfluss auf den Praxisteil in Kapitel 5 nimmt. Für die Buchautoren stellen alle identifizierten und beschriebenen Veröffentlichungen einen Mehrwert dar. Jedoch werden mit dem nachfolgenden Teilkapitel 2.3 die wichtigsten Erkenntnisse der Literaturanalyse für das eigene Praxisbeispiel dargestellt. Zu Beginn werden die Erkenntnisse der deutschsprachigen und anschließend der englischsprachigen Literatur fokussiert.

2.3 Erkenntnisse für den praktischen Teil in Kapitel 5

In der **deutschsprachigen** Literatur kann *Werner Gleißner* als führender Autor sowohl im Bereich der Buchliteratur als auch im Bereich der wissenschaftlichen Artikel bezeichnet werden. Bereits im Jahr 2004 veröffentlichte *Gleißner* einen wissenschaftlichen Artikel zur Aggregation von Risiken in der Unternehmensplanung, der trotz seines Alters Inhalte beschreibt, die heute noch Bestand haben. So beschreibt *Gleißner* in diesem und den darauffolgenden Veröffentlichungen regelmäßig kleine Fallbeispiele zur Monte-Carlo-Simulation im Bereich der GuV-Planung, Liquiditätsplanung oder der Budgetplanung. Die Autoren haben sich beim Aufbau des Excel-Modells an den Beispielen von *Werner Gleißner* inspirieren lassen und werden darüber hinaus spezifischere Simulationen z. B. im Bereich des Ratings vornehmen.[16]

Der wissenschaftliche Artikel von *Prof. Hans Bleuel* aus dem Jahr 2006 beschreibt mit einer Art Schritt-für-Schritt Anleitung den Prozess der Monte-Carlo-Simulation von der Modellbildung bis zur Analyse und Interpretation der Ergebnisse. Der letzte Schritt stellt dabei den Ausgangspunkt für die Überarbeitung der Modellbildung dar, wodurch der Prozess durch einen Kreislauf wiederkehrend dargestellt wird. Für die eigene Durchführung der Monte-Carlo-Simulation in Kapitel 5 ergibt sich somit ein handlungsweisender roter Faden, der im gesamten Prozess eine Reihenfolge aufzeigt, wodurch ein Vertauschen oder Verwechseln spezifischer Prozessbausteine ausgeschlossen ist.[17]

Weitere Erkenntnisse liefert der wissenschaftliche Artikel *Mit Risikoszenarien steuern* aus dem Jahr 2018. Die Autoren legen den Fokus des Artikels auf das Reporting risikorelevanter Informationen, die anschaulich in Risikoszenarien verpackt werden. Auf diese Weise kann das Risiko in die Entscheidungsfindung des Vorstandes münden, weshalb der Berichterstattung ein ebenso hoher Stellenwert zukommt, wie der Erstellung des Risikomodells selbst. Die Autoren haben sich u. a. zum Ziel gesetzt, ebenfalls ein Risiko-Dashboard zur Berichterstattung zu erstellen. Nur auf diese Weise kann ein wesentlicher Beitrag zum Umgang mit betriebswirtschaftlichen Risiken geleistet werden, da risikorelevante Informationen fortan in Entscheidungen verankert werden können.[18]

In der **englischsprachigen** Literatur beschreibt *Prof. Carol Alexander* mit ihrem Buch *Market Risk Analysis: Quantitative Methods in Finance* aus dem Jahr 2008 die Wahrscheinlichkeitsverteilungen, die für die Monte-Carlo-Simulation von großer Bedeutung sind. Die Auswahl der Wahrscheinlichkeitsverteilungen stellen in der Prozessbeschreibung des deutschsprachigen Professors *Hans Bleuel* einen wichtigen Prozessbaustein dar, weshalb sich das englischsprachige Buch und der wissenschaftliche Artikel aus dem Jahr 2006 von *Bleuel* gut kombinieren lassen. Im Rahmen des fünften und sechsten Kapitels werden Wahrscheinlichkeitsverteilungen ebenfalls zur Generierung von Zufallszahlen verwendet, weshalb die Buchautoren mit der Veröffentlichung von

[16] Vgl. Gleißner 2004, S. 350-359.

[17] Vgl. Bleuel 2006, S. 371-378.

[18] Vgl. Holtrup et al. 2018, S. 16-23.

Prof. Carol Alexander ein optimales Nachschlagewerk zur Hand haben.[19]

Dr. John Charnes beschreibt in seinem Einzelwerk *Financial Modeling with Crystal Ball and Excel* aus dem Jahr 2012, wie die Umsetzung einer Monte-Carlo-Simulation mithilfe der Software Crystal Ball erfolgen kann. Das Buch liefert wertvolle Erkenntnisse, die sich über den gesamten Prozess der Monte-Carlo-Simulation erstrecken. Aus diesem Grund kann das Buch von *John Charnes* als wichtige Informationsquelle zu Themen rund um Modellbildungen, Wahrscheinlichkeitsverteilungen, Simulationen und Interpretationen herangezogen werden.[20]

Bezugnehmend und mit dem Fokus auf das Controlling, überwiegt das Literaturangebot hinsichtlich der Monte-Carlo-Simulation im deutschsprachigen Raum gegenüber dem des englischsprachigen Raumes. Als führender Autor kann *Prof. Werner Gleißner* bezeichnet werden, der ein großes Fachwissen im Bereich der Risikoaggregation im Controlling besitzt. Die deutschsprachige Literatur beschreibt im Kern das Vorgehen und die Inhalte der Monte-Carlo-Simulation in Bezug auf das eigene Vorhaben in Kapitel 5 besser. Die englischsprachige Literatur behandelt spezifischere Themengebiete, wie z. B. den Einsatz der Monte-Carlo-Simulation in Verbindung mit Finanzprodukten. Jedoch werden auch in der englischsprachigen Literatur wichtige Ansätze und Inhalte beschrieben, die für das Verständnis im Controlling übernommen werden können. *Prof. Carol Alexander* behandelt die Wahrscheinlichkeitsverteilungen deutlich ausführlicher als die deutschsprachigen Autoren im selben Forschungsgebiet. Durch die Kombination der englischsprachigen mit der deutschsprachigen Literatur ergeben sich somit Synergieeffekte für den Praxisteil in Kapitel 5.

---

[19] Vgl. Alexander 2008, S. 85-117.

[20] Vgl. Charnes 2012, S. 241-276.

3 Risikomanagement und Risiko-Controlling

In diesem Kapitel werden die Inhalte des **Risikomanagements** und **Risiko-Controllings** analysiert. Zu Beginn wird der Risikobegriff definiert, der im Risikomanagement und Risiko-Controlling eine entscheidende Rolle einnimmt. Im Anschluss wird das RMS mit seinen vier inhaltlichen Phasen beschrieben und eine Einordnung des Risiko-Controllings in die Phasen des Risikomanagementprozesses vorgenommen. Zusätzlich wird eine Abgrenzung vom Risiko-Controlling zum allgemeinverständlichen Controlling durchgeführt.

3.1 Risikomanagement

3.1.1 Risikobegriff

Bis heute kann in der Fachliteratur keine allgemeingültige Definition zum Risikobegriff gefunden werden. Jedoch sind sich Professoren und Autoren aus der Praxis darüber einig, dass Risiken mit zukünftigen **Abweichungen von den geplanten Unternehmenszielen** einhergehen.[21] Nachfolgend werden unterschiedliche Risikodefinitionen, Gesetze und der IDW PS 340 n.F. aufgeführt, um weitere wesentliche Bestandteile abzuleiten.

Mit dem **§ 91 Abs. 2 AktG** beschreibt der Gesetzgeber eine gefährdende Entwicklung, die den Fortbestand einer Gesellschaft beeinträchtigt, als ein unternehmerisches Risiko, ohne den Begriff explizit zu nennen.[22] Der Fokus des Gesetzestextes liegt ausschließlich auf der negativen zukünftigen Abweichung, die sich durch Zahlungsunfähigkeit des Unternehmens realisiert und eine Insolvenz zur Folge hat. Der Gesetzgeber geht in diesem Beispiel vom Worst-Case-Szenario aus und lässt Beschreibungen von positiven Abweichungen in seinen Ausführungen vermissen.

Mit dem **IDW PS 340 n.F.** veröffentlichte das Institut der Wirtschaftsprüfer (IDW) einen deutschen Prüfstandard, der die Prüfung von Risikofrüherkennungssystemen der Unternehmen vorsieht. In den Beschreibungen des IDW PS 340 n.F. werden zukünftige, ungünstige Entwicklungen einem unternehmerischen Risiko zugeordnet. Im Vergleich zum Aktiengesetz beschreibt der Prüfstandard negative Abweichungen, ohne den Fokus auf das Worst-Case-Szenario zu setzen.[23]

Im Jahr 2021 wurden zwei Gesetze verabschiedet, deren Einfluss auf das Risikomanagement und Risiko-Controlling an dieser Stelle kurz zusammengefasst werden soll. Das StaRUG (Gesetz über den Stabilisierungs- und Restrukturierungsrahmen für Unternehmen) ist am 1. Januar 2021 und das FISG (Gesetz zur Stärkung der Finanzmarktintegrität) am 1. Juli 2021 verabschiedet worden.

Das **StaRUG** spielt für die Risikofrüherkennung eine zentrale Rolle. Wichtig ist, dass das StaRUG alle juristischen Personen betrifft. So sind gem. § 1 StaRUG alle juristischen Personen dazu verpflichtet, im Rah-

---

[21] Vgl. Vanini 2012, S. 7.

[22] Vgl. Bundesministerium der Justiz und für Verbraucherschutz (Hrsg.) 2020, online.

[23] Vgl. Vanini 2012, S. 9.

men ihrer Krisenfrüherkennung mögliche „bestandsgefährdenden Entwicklungen" zu erkennen und „geeignete Gegenmaßnahmen" zu ergreifen, sobald eine schwere Krise droht. Das StaRUG präzisiert und erweitert damit die Anforderungen an ein Risikofrüherkennungssystem. Hinsichtlich der konkreten Umsetzung werden jedoch keine weiteren Anforderungen gestellt. Auch wenn das StaRUG „lediglich" bereits vorhandene gesetzliche Reglungen erweitert und präzisiert, so ist zu betonen, dass dieses Gesetz neben Aktiengesellschaften nun auch ausdrücklich andere juristische Personen, insbesondere mittelständische GmbHs, betrifft.

Das vom StaRUG geforderte **Risikofrüherkennungssystem** zielt darauf ab, zukünftige Risiken bereits heute zu erkennen und sich im Rahmen der Risikoanalyse mit der Frage zu beschäftigen, ob diese Risiken in der Zukunft zu einer existenzbedrohenden Krise führen können. Als „bestandsgefährdend" zählen negative Entwicklungen, die sich wesentlich auf die Vermögens-, Ertrags- und / oder Finanzlage auswirken können. Analysiert man Insolvenzursachen genauer, so kann festgestellt werden, dass in der Regel nicht ein einzelnes Risiko, sondern die Kombination mehrerer Einzelrisiken zu einer Insolvenz führt. Somit gewinnt die Analyse des Zusammenspiels und die Aggregation von Risiken zunehmend an Bedeutung und ist eine Konsequenz des StaRUG. Für die Umsetzung des StaRUG in die Praxis ist somit eine quantitative Risikoanalyse und Aggregation mit Simulationstechniken (insbesondere der Monte-Carlo-Simulation) unabdingbar.

Um zu erkennen, ob aus den durch Simulation aggregierten Risiken eine bestandsgefährdende Entwicklung resultieren kann, sind die Risiken dem **Risikodeckungspotenzial** (= Eigenkapital plus Liquiditätsreserven) gegenüberzustellen. Existenzgefährdende Krisen entstehen aus einer Gefahr der Zahlungsunfähigkeit oder der Überschuldung. Von einer drohenden Zahlungsunfähigkeit wird ausgegangen, wenn eine durchgehende Finanzierung des Unternehmens nicht gewährleistet ist. In der Regel wird hier von einem Prognosezeitraum von 24 Monaten ausgegangen, wobei der Zeitraum in jedem Einzelfall variieren kann. Um eine drohende Zahlungsunfähigkeit rechtzeitig feststellen zu können, bedarf es einer (erwartungstreuen) Unternehmensplanung inklusive einer Liquiditätsprognose. Damit die Unternehmensführung, wie im StaRUG gefordert, rechtzeitig geeignete Maßnahmen ergreifen kann, ist die **Insolvenzwahrscheinlichkeit**, d.h. die Wahrscheinlichkeit einer bestandsgefährdenden Entwicklung ebenfalls zu schätzen. Bei der Gegenüberstellung der aggregierten Risiken und des Risikodeckungspotentials muss ein Schwellenwert definiert werden, ab dem von einer akuten Bedrohung für den Fortbestand des Unternehmens auszugehen ist. Alternativ kann auch über die Insolvenzwahrscheinlichkeit ein Schwellenwert ermittelt werden, ab dem die Banken aufgrund des verschlechterten Ratings die Finanzierungen des Unternehmens beenden werden.

Mit dem **FISG** kam eine weitere wesentliche Änderung hinzu, die das Risikomanagement im Unternehmen stärkt. Das FISG ist ein Änderungsgesetz, welches eine Vielzahl an bestehenden Gesetzen abändert oder ergänzt. Ein direkter Bezug zu Corporate Governance Systemen ergibt sich aus den Anpassungen des AktG in § 91 Abs. 3 sowie § 107 Abs. 4. Künftig muss ein Vorstand einer börsennotierten Gesellschaft sowohl ein Internes Kontrollsystem als auch ein Risikomanagementsystem einrichten (siehe § 91 Abs. 3 AktG n.F.). Dazu zählt unter anderem die gesetzliche Verpflichtung zur Errichtung eines angemessenen und wirksamen Internen Kontrollsystems und Risikomanagementsystems für börsennotierte Aktiengesellschaften. Dabei gehen die neu definierten Anforderungen an das Interne Kontrollsystem deutlich über die aus dem BilMog bekannten Anforderungen hinaus.

Mit *Thilo Knuppertz* und *Frank Ahlrichs* haben zwei Experten aus der Praxis einen Beitrag zum Risikomanagement in der Zeitschrift *Controlling – Zeitschrift für erfolgsorientierte Unternehmenssteuerung* veröffentlicht. Die beiden Autoren beziehen sich in ihrer Definition auf das *Controller Wörterbuch*, das von der *International Group of Controlling* herausgegeben wurde. Die Herausgeber verstehen unter einem Risiko im unternehmerischen Sinne die Konsequenzen, die sich aus der Kombination der Eintrittswahrscheinlichkeiten ergeben.[24] *Knuppertz* und *Ahlrichs* erweitern die vorhandene Definition und beschreiben das Wort Konsequenzen mit Abweichungen von finanziellen Unternehmenszielen. Somit können auch ausbleibende Gewinne mit den in Verbindung stehenden Konsequenzen dieser Definition zugeordnet werden, ohne dass explizit ein finanzielles Worst-Case-Szenario eintreten muss.[25]

Prof. Dr. Werner Gleißner beschreibt in seinem Herausgeberwerk *Risikomanagement und Controlling – Chancen und Risiken erfassen, bewerten und in die Entscheidungsfindung integrieren* das Risiko als eine Möglichkeit, von Plan- oder Prognosewerten in einer unsicheren Zukunft abzuweichen. Nach *Gleißner's* Auffassung ist Risiko, ergänzt um die vorherigen Definitionen, ebenfalls als positive Abweichung in der Zukunft zu verstehen. In diesem Fall spricht der Autor von einer **Chance**,

---

[24] Vgl. International Group of Controlling (Hrsg.) 2005, S. 224.

[25] Vgl. Knuppertz; Ahlrichs 2007, S. 491-500.

wohingegen die negative Abweichung dem Begriff der **Gefahr** zuzuordnen ist.[26]

Nachfolgend werden die wichtigsten Bestandteile der zuvor erläuterten Risikodefinitionen und Gesetze zusammengefasst und Erkenntnisse für den Umgang mit Risiken im Controlling beschrieben.

Ein **Risiko** wird durch zukünftige Abweichungen von Plan- oder Prognosewerten beschrieben. Einerseits kann die Abweichung positiv, andererseits negativ, bis hin zur Insolvenz eines Unternehmens, ausfallen. Ein weiterer wichtiger Bestandteil stellt die Eintrittswahrscheinlichkeit dar, die das mögliche Eintreten eines spezifischen Risikos definiert. In Kombination mit dem potenziellen Schadensausmaß, ist das Risiko in seinen wichtigsten Bestandteilen vollständig beschrieben. Die Aufgabe eines Unternehmens ist es, die identifizierten Risiken mithilfe eines **Risikomanagementsystems** und **Risiko-Controllings** zu steuern. Aus der Sicht des Controllers empfiehlt es sich, einen Umgang mit unternehmerischen Risiken zu forcieren. Bei diesem Vorhaben stellt ein wichtiger Schritt das Ersetzen der Planwerte durch Erwartungswerte dar, damit Risiken in der Planung verankert werden können. Darüber hinaus benötigt der Controller entsprechende Softwarekenntnisse und das nötige Hintergrundwissen, um Chancen und Gefahren im Unternehmen abbilden zu können. Auf diese Art und Weise sorgt der Controller für eine Risikodiskussionsgrundlage, die in ein Risiko-Reporting überführt wird und es dem Vorstand ermöglicht, Entscheidungen unter Abwägung der erkannten Risiken zu treffen.

3.1.2 Risikomanagementprozess

3.1.2.1 Risikoidentifikation

Der erste modulare Baustein im Risikomanagementprozess stellt die Identifikation der unternehmerischen Risiken dar. Dieser Schritt liefert Risikoinformationen, die für die nachgelagerten Stufen relevant sind. Mit einem systematischen Vorgehen stellen Unternehmen sicher, dass eine Vielzahl spezifischer Risiken identifiziert werden können.[27] Das Ziel der **Risikoidentifikation** sollte nicht sein, alle unternehmerischen Risiken zu identifizieren, da sich diese aufgrund ihres komplexen Charakters sekündlich ändern, gegenseitig beeinflussen und alle Risiken im Vorfeld vom Unternehmer nicht erkannt werden können. Darüber hinaus lässt die Tatsache, dass die Menschen mit ihrer unzureichenden Prognosefähigkeit (Risiko-)Ereignisse zuverlässig im Voraus

[26] Vgl. Gleißner 2017a, S. 25.

[27] Vgl. Seidel 2011, S. 33-35.

antizipieren können, das Definieren aller Unternehmensrisiken zu einem Akt der Unmöglichkeit machen.[28]

Im Rahmen der Risikoidentifikation kann das Prinzip der Vollständigkeit somit nicht angewandt werden. Vielmehr geht es um das **Aufdecken von möglichen Ereignissen auf der Hochrisikoebene**, die eine hohe Eintrittswahrscheinlichkeit und ein hohes Schadensausmaß aufweisen. Aus diesem Grund kann ein Vorgehen nach Abteilungen, Niederlassungen oder dem ganzen Unternehmen erfolgen. Eine weitere Möglichkeit wäre ein Vorgehen nach Risikokategorien anzustreben. Am Beispiel eines Unternehmens könnte die Risikoidentifikation nach Risikokategorien im Bereich der finanziellen Risiken starten und das Liquiditätsrisiko untersucht werden. Befragungen, Workshops oder auch Dokumentenanalysen sorgen dafür, dass potenzielle Gefahren aufgedeckt werden können.[29] In dieser Phase können die folgenden **Arbeitsmittel** zur Unterstützung herangezogen werden:

- Risikochecklisten
- Fragebögen
- Beschreibungen von Prozessen
- (Jahres-)Abschlussberichte
- Kalkulationen

Bei der Risikoidentifikation kommt es weniger auf das Vorgehen an, sondern darauf, dass am Ende kein Bereich oder keine Risikokategorie vergessen wurde.

Nachdem die Risikoidentifikation abgeschlossen ist, werden die aufgedeckten Risiken bewertet.

3.1.2.2 Risikoquantifizierung und -aggregation

Die **Risikoquantifizierung** basiert auf den Vorleistungen, die in der Phase der Risikoidentifikation getätigt wurden. Das bedeutet, dass alle bestandsgefährdenden Risiken, die in der ersten Phase nicht identifiziert wurden, in den nachgelagerten Stufen fehlen und weder quantifiziert und aggregiert noch an das Management-Board berichtet werden können.

Wahrscheinlichkeitsverteilungen können zur Quantifizierung von Risiken herangezogen werden. Das Ziel einer Wahrscheinlichkeitsverteilung ist es, ein Risiko in einer bestimmten Periode im Hinblick auf die Ergebnisauswirkung quantitativ zu beschreiben. Mithilfe einer

---

[28] Vgl. Gleißner; Leibbrand 2010, S. 21-22.

[29] Vgl. Königs 2013, S. 39-49.

Risikomatrix kann ein Risiko durch die spezifische Eintrittswahrscheinlichkeit und das Schadensausmaß differenziert betrachtet werden.[30]

Werden in ein Koordinatensystem mit den Achsen Eintrittswahrscheinlichkeit und Schadensausmaß spezifische Einzelrisiken eingetragen, wird von einer **Risikomatrix** gesprochen. Diese Eintrittswahrscheinlichkeiten variieren und können Risiken von „sehr gering" bis „sehr hoch" beschreiben. Analog verhält sich die Achse des Schadensausmaßes mit möglichen Klassifikationen, wie z. B. von „unbedeutsam" bis „bestandsgefährdend". Darüber hinaus erhält ein Unternehmen erste Eindrücke darüber, wie sich das Risikoportfolio des Unternehmens verhält und welche Risikoereignisse priorisiert bearbeitet werden müssen. Abbildung 2 veranschaulicht eine exemplarische Risikomatrix, mit der die Risikosteuerung in der nächsten Phase durchgeführt werden kann.

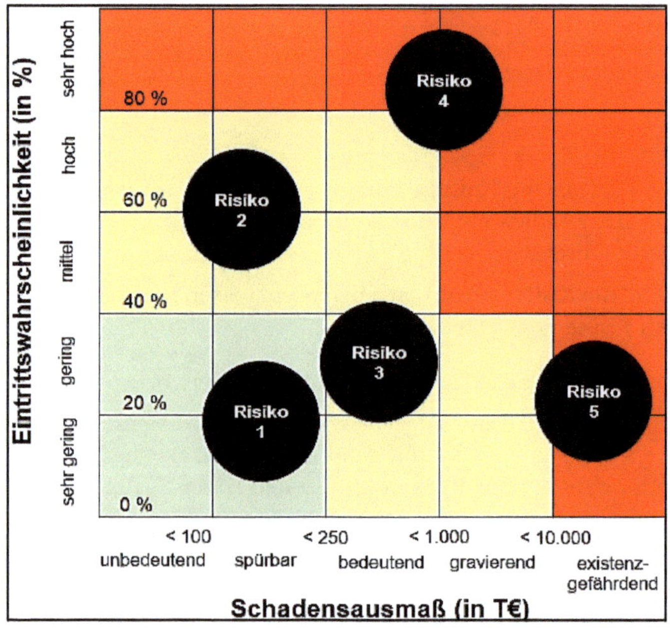

Abbildung 2: Risikomatrix

Quelle: Eigene Darstellung in Anlehnung an: Uskova, M.; Schuster, T. (2020): Finanzplanung, Investitionscontrolling und Finanzcontrolling – Lehr- und Übungsbuch für das Master-Studium, 1. Aufl., Wiesbaden: Gabler Verlag, S. 159.

30 Vgl. Wälder; Wälder 2017, S. 7-8.

Nach der quantitativen Beschreibung der Risiken erfolgt die **Aggregation** der Einzelrisiken, da ein einfaches Aufsummieren von zwei möglichen Einzelrisiken weder zielführend noch das korrekte Vorgehen darstellt. Mit der Risikoaggregation wird die Gesamtrisikoposition eines Unternehmens bestimmt. Hierbei müssen stochastische Wechselwirkungen bzw. Korrelationen von spezifischen Risiken berücksichtigt werden, damit die Kombinationseffekte korrekt erfasst werden können.[31]

3.1.2.3 Risikosteuerung

Nachdem die Risikobewertung und -aggregation abgeschlossen ist, wird mit der dritten Phase die Hauptaufgabe des Risikomanagements beschrieben. Die **Risikosteuerung** wird mit der nachfolgenden Abbildung 3 dargestellt.

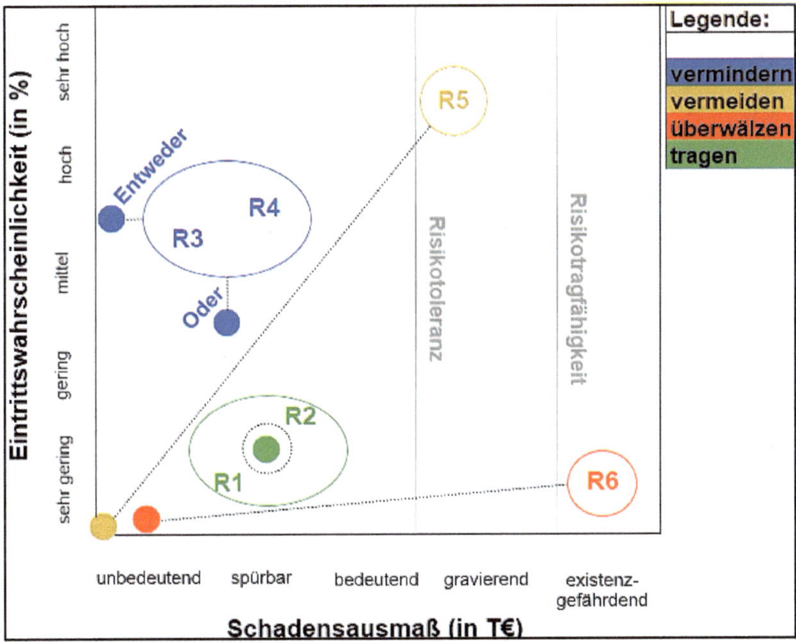

Abbildung 3: Risikosteuerung

Quelle: Eigene Darstellung in Anlehnung an: Uskova, M.; Schuster, T. (2020): Finanzplanung, Investitionscontrolling und Finanzcontrolling – Lehr- und Übungsbuch für das Master-Studium, 1. Aufl., Wiesbaden: Gabler Verlag,

[31] Vgl. Gleißner; Wolfrum 2019, S. 24.

S. 159-161.; Otremba, S.; Joos, J.; Tiecks, S. (2020): Neue Impulse für die Überwachung und Steuerung bestandsgefährdender Risiken, in: Der Betrieb 37/20, S. 1917.

Für das Risikomanagement eines Unternehmens ergeben sich drei aktive Handlungsempfehlungen:

- das **Vermindern** von Risiken
- das **Vermeiden** von Risiken und
- das **Überwälzen** von Risiken.

Die grün gekennzeichneten Risiken R1 und R2 werden aufgrund ihres niedrigen Schadenspotentials und der geringen Eintrittswahrscheinlichkeit vom Unternehmen getragen, weshalb in diesem Fall kein Handlungsbedarf besteht. Risiken zu vermindern stellt das Hauptaugenmerk der Risikomanagement-Abteilung dar, da in diesem Fall Schulungen oder Interviews durchgeführt und Unterlagen erstellt werden müssen. Die ergriffenen Maßnahmen haben den Effekt, dass die potenziellen Risiken R3 und R4 in ihrer Eintrittswahrscheinlichkeit oder ihrem Schadensausmaß sinken und diese sich im Optimalfall nach der Neubewertung der Risikolage wesentlich unbedeutender gestalten. Wird im Fall von R5 das Risiko vermieden, werden je nach Definition des Risikos ganze (Tochter-)Unternehmen, Produkte, Niederlassungen oder Abteilungen eingestellt, sodass das Risiko nicht eintreten und somit auch kein Schaden entstehen kann.[32] Wird die dritte Alternative durch das Übertragen von Risiken umgesetzt, wird das Risiko R6 an eine Versicherung gegen Bezahlung einer adäquaten Risikoprämie übertragen. An dieser Stelle muss beachtet werden, dass das Schadensausmaß zwar an eine Versicherung übertragen werden kann, die Haftung jedoch beim risikoübertragenden Unternehmen verbleibt. Darüber hinaus beschreibt die Risikotoleranzlinie den Grad, bis zu dem ein Unternehmen bereit ist, Risiken zu akzeptieren, ohne ein bestimmtes Mindestrating zu gefährden. Die Risikotragfähigkeit korrespondiert mit den Beschreibungen der bestandsgefährdenden Entwicklungen im Sinne des § 91 Abs. 2 AktG. Im Regelfall dient das Eigenkapital des Unternehmens als Bemessungsgrundlage zur Beurteilung bestandsgefährdender Entwicklungen.[33]

Die identifizierten Risiken, die bewertet, aggregiert und in einer Risikomatrix dargestellt wurden, stellen in erster Linie **Brutto-Risiken**

[32] Vgl. Uskova; Schuster 2020, S. 158-161.

[33] Vgl. Gleißner; Wolfrum 2017, S. 77-78.

dar, da noch keine risikomindernde Maßnahmen ergriffen wurden. Nach Erfassung der beschriebenen Maßnahmen werden die Brutto-Risiken in **Netto-Risiken** umgewandelt, da diese fortan bearbeitet werden. Mit der Übertragung und Bearbeitung von Risiken an die Risk Owner, wird ein verbindliches Engagement und eine Ernsthaftigkeit erzeugt.[34]

Nach der Risikosteuerungsphase werden in einem nächsten Schritt die eingeführten Maßnahmen kontrolliert, gegebenenfalls angepasst und kommuniziert.

3.1.2.4 Risikoüberwachung und -berichterstattung

Die eingeführten Maßnahmen des Risikomanagementsystems werden auf der operativen Ebene überwacht (**Risikoüberwachung**). Die Risk Owner, die mit der Realisierung der definierten Maßnahmen beauftragt sind, stehen in dieser Phase im Vordergrund. Außerdem wird die Wirksamkeit der ausgeführten Maßnahmen überprüft, indem der Beitrag zur Zielerreichung validiert wird. Als Hilfsmittel kann der Soll-Ist-Vergleich herangezogen werden, der mit dem „Soll" einen Zielzustand eines dokumentierten Risikos beschreibt und mit dem „Ist" die täglich gelebte Praxis dem „Soll" gegenübergestellt wird. Bei gravierenden Abweichungen oder der Erkenntnis von Unwirksamkeiten definierter Maßnahmen muss eine Anpassung der Maßnahmen und somit ein Gegensteuern erfolgen.[35]

Unter der **Risikoberichterstattung** werden sämtliche Möglichkeiten zur Übermittlung risikorelevanter Informationen verstanden. Das Ziel der Risikoberichterstattung ist es, relevante Informationen transparent und hierarchieübergreifend zu kommunizieren, damit sich die Verantwortlichen ein adäquates Bild der Risikosituation des Unternehmens verschaffen und frühzeitig reagieren können.[36]

Nachdem der Risikobegriff und die Phasen des Risikomanagementprozesses definiert wurden, wird im nächsten Schritt das Risiko-Controlling vom allgemeinverständlichen Controlling abgegrenzt. Anschließend wird das Risiko-Controlling in den Risikomanagementprozess eingeordnet.

---

[34] Vgl. IDW PS 340 n.F. (Stand: 15.07.2019), S. 2.

[35] Vgl. Reichmann; Kißler; Baumöl 2017, S. 650-651.

[36] Vgl. Diederichs 2018, S. 223-224.

3.2 Risiko-Controlling

3.2.1 Schnittstellen im Risiko-Controlling und Controlling

Damit das **Risiko-Controlling** vom allgemeinen Controlling isoliert betrachtet werden kann, wird im ersten Schritt die Funktion des Controllings beschrieben. Hierfür wird die Definition von *Peter Horváth* analysiert, der unter **Controlling** folgendes versteht: „Controlling ist – funktional gesehen – dasjenige Subsystem der Führung, das Planung und Kontrolle sowie Informationsversorgung systembildend und systemkoppelnd zielorientiert koordiniert und so die Adaption und Koordination des Gesamtsystems unterstützt."[37] Die Definition zeigt, dass Controlling in erster Linie die Unterstützung der Führungsebene darstellt. Diese Unterstützungsfunktion erstreckt sich jedoch nicht auf das Gesamtsystem, sondern fokussiert das Subsystem der Führung, also lediglich die Planung und Kontrolle sowie die Informationsversorgung. Die systembildende Koordination bezeichnet den Entwurf und die Einbettung verschiedener Subsysteme im Unternehmen, die aufeinander abzustimmen sind. Das Controlling ist in diesem Bereich bspw. für die Erstellung eines Planungs- und Kontrollsystems und Informationsversorgungssystems zuständig. Die systemkoppelnde Koordination beschränkt sich auf alle Koordinationstätigkeiten in der vorgegebenen Systemstruktur, die zur Aufrechterhaltung oder Anpassung der Informationsversorgung zwischen den Subsystemen beiträgt.[38] Im Folgenden werden die wichtigsten Aufgaben des Controllers der Planung und Kontrolle sowie der Informationsversorgung zugeordnet:

---

[37] Horváth; Gleich; Seiter 2020, S. 62.

[38] Vgl. Horváth; Gleich; Seiter 2020, S. 49-50; S. 62.

Planung und Kontrolle	Informationsversorgung
Aufbau und Pflege eines Planungs- und Kontrollsystems	Aufbau und Pflege von betrieblichen Informationssystemen
Wertorientierte Unternehmensplanung in Form der Budgetierung	Erstellung und Versand vom unternehmerischen Reporting
Durchführung von Soll-Ist-Vergleichen	Digitalisierung im Reporting im Sinne eines Self-Service Business Intelligence Tools
Ausarbeitung von Abweichungsanalysen	Hierarchieübergreifende Koordination der unternehmerischen Informationsversorgung
Erstellung von Forecasts	Konsequente empfängerorientierte Informationsversorgung

Tabelle 5: Aufgaben des Controllers

Quelle: Eigene Darstellung in Anlehnung an: Preißler, P. (2020): Controlling, 15. Aufl., München: Verlag Franz Vahlen GmbH, S. 48-52.

Nachdem das Controlling im Kern definiert wurde, werden im nächsten Schritt die Gemeinsamkeiten des Controllings und Risiko-Controllings herausgearbeitet.

Das **Risiko-Controlling** unterstützt bei der methodischen Umsetzung des Risikomanagements, indem es ein leistungsfähiges Instrumentarium und die notwendigen risikorelevanten Informationen bereithält. Das Hauptziel im Risiko-Controlling besteht in der Gewährleistung der Anpassungs-, Reaktions- und Koordinationsfähigkeit betreffend der Risikosituation im Unternehmen. Neben der Unterstützung des Managements werden ebenfalls Aufgaben rund um Auswertungen, Dokumentationen und Risikoberichterstattungen wahrgenommen. Im operativen Geschäft befasst sich ein Risikocontroller mit der Erstellung von Messverfahren zur Erfassung unternehmerischer Risiken. Im Bereich der Unternehmensplanung werden starre Planwerte durch Erwartungswerte ersetzt und Risiken in Form von Schwankungen um den Erwartungswert beschrieben. Für die Gesamtheit aller Tätigkeiten im Risiko-Controlling sind betriebswirtschaftliche und technische Strukturen zu schaffen, damit entscheidungsrelevante Informationen identifiziert werden können. Anschließend werden die risikorelevanten Informationen zur effizienten Zielerreichung an das Risikomanagement übermittelt.[39]

Die Aufgaben des Risikocontrollers lassen sich mit der zu Beginn des Kapitels 3.2.1 aufgeführten Auffassung über das Controlling nach *Peter Horváth* vereinbaren. Aus diesem Grund können die Aufgaben des Risikocontrollers ebenfalls in die Tabelle 5 übertragen werden. Somit stellt das Risiko-Controlling ein auf operativer und strategischer Ebene ausgerichteter und informationssystemgestützter Bestandteil des unternehmerischen Controllings dar. Darüber hinaus kann das Risiko-Controlling als ein auf das Risikomanagement fokussiertes Controlling bezeichnet werden. Das bedeutet im Umkehrschluss, dass das Risiko-Controlling einen wesentlichen Bestandteil des Risikomanagementsystems des Unternehmens darstellt.

3.2.2 Schnittstellen im Risiko-Controlling und Risikomanagement

Die Überlappung von **Risiko-Controlling** und **Risikomanagement** ergibt sich aus der Integration von Risiko- und Controllinginformationen, die sich aus der Business Judgement Rule ableiten lassen. Die Business Judgement Rule ist in dem § 93 Abs. 1 AktG verankert und beschreibt die Unwirksamkeit einer schadensersatzpflichtigen Handlung durch Vorstand und Aufsichtsrat, wenn die beiden Organe zum Wohle des Unternehmens und auf Basis angemessener Informationen Entscheidungen getroffen haben.[40] Die **angemessene Informationsgrundlage** kann bei transparenter Aufbereitung der folgenden Punkte angenommen werden:

- Unternehmerische Ziele, die mit der Entscheidung einhergehen, können nachvollzogen werden
- Alternative Möglichkeiten zur Zielerreichung stehen zur Verfügung
- Wie sich die alternativen Möglichkeiten auf die unternehmerischen Ziele auswirken werden, kann vermutet werden
- Chancen und Risiken der alternativen Möglichkeiten können aufgezeigt werden

Die angemessene Informationsgrundlage stellt den Ausgangspunkt der **Beweislastumkehr** für Vorstand und Aufsichtsrat dar, die im Falle

---

[39] Vgl. Reichmann; Kißler; Baumöl 2017, S. 641-642.

[40] Vgl. § 93 Abs. 1 AktG.

einer Klage zum Tragen kommt. Das bedeutet, dass die Organe bei Eintritt einer schadensersatzpflichtigen Handlung beweisen müssen, dass sie ihre Sorgfaltspflicht nicht verletzt haben. Somit kommt dem Risiko-Controlling im Rahmen der Informationsversorgung eine wichtige Rolle zu, da durch dessen Beitrag Schadensersatzansprüche Dritter signifikant verringert werden können.[41]

Neben der Versorgung risikorelevanter Informationen an Vorstand und Aufsichtsrat, kann das Risiko-Controlling in den **Risikomanagementprozess** eingeordnet werden.

Risikoidentifikation:

Ein weiteres Ziel im Risiko-Controlling stellt das Abdecken essenzieller Aufgaben des Risikomanagements im Rahmen des Planungs- und Budgetierungsprozesses dar. Das bedeutet, dass das Risiko-Controlling einen wesentlichen Beitrag zur **Risikoidentifikation** leisten kann, indem Annahmen der Planung schon zu Beginn als unsicher eingestuft und somit weitere Risiken identifiziert werden können. Zudem müssen bereits im Planungsprozess alle risikobehafteten Annahmen vom Controller erfasst und diese an das Risikomanagement weitergeleitet werden. Auf der anderen Seite können Planabweichungen und die darauf zurückzuführenden und bislang unerkannten Ursachen als ein Instrument zur Identifikation neuer Risiken genutzt werden.

Risikoquantifizierung und -aggregation:

Die verabschiedete Unternehmensplanung, die auf Planwerten basiert, kann vom Risikocontroller um Risiken ergänzt werden, die zu Abweichungen konkreter Planzielwerte führen können. Auf diese Art und Weise wird die Aufgabe der **Risikoquantifizierung** vom Risiko-Controlling übernommen. Ein geplanter Umsatzwert kann bspw. durch eine Dreiecksverteilung mit Minimalwert, wahrscheinlichstem Wert und Maximalwert beschrieben werden. Mithilfe der Monte-Carlo-Simulation wird anschließend die Risikoaggregation durchgeführt und die Chancen und Gefahren des Umsatzwertes simuliert. Auftretende Gefahren eines Szenarios, also negative Abweichungen vom Erwartungswert des Umsatzes, können weiteren Analysen dienen und einen erneuten Beitrag zur Risikoidentifikation leisten.

[41] Vgl. Biel 2020, S. 13-14.

Risikosteuerung und -überwachung:

Mithilfe des Risiko-Controllings wird das Spektrum der Brutto-Risiken erweitert, die durch risikomindernde Maßnahmen in Netto-Risiken umzuwandeln sind. Aus diesem Grund wird das Risikomanagement auch im Rahmen der **Risikosteuerung** unterstützt, da die aufgearbeiteten Informationen durch das Controlling die Ausgangslage der Optionen „vermindern", „vermeiden", „überwälzen" oder „tragen" des Risikomanagements darstellt. Darüber hinaus kann die Wirksamkeit der getroffenen Maßnahmen durch ein Set relevanter Risikokennzahlen validiert werden (**Risikoüberwachung**), die in einem Risiko-Dashboard gebündelt werden können. Mit dieser Tätigkeit erhält das Risikomanagement weitere Unterstützung im Aufgabengebiet der Risikoüberwachung.[42]

Das Kapitel 3.2.2 veranschaulicht wichtige Hinweise für eine kombinierte und keinesfalls getrennte Betrachtungsweise von Risikomanagement und Risiko-Controlling. Durch die Zusammenarbeit beider Abteilungen, wird die Wahrscheinlichkeit des Unternehmensfortbestandes (Going Concern)[43] erheblich gesteigert.

Abbildung 4: Zusammenhang Risiko-Controlling und Risikomanagement

Quelle: Eigene Darstellung in Anlehnung an: Gleißner, W. (2020): Integratives Risikomanagement – Schnittstellen zu Controlling, Compliance und Interner Revision, in: Controlling – Zeitschrift für erfolgsorientierte Unternehmenssteuerung 04/20, S. 23-29.

[42] Vgl. Gleißner 2020, S. 25-27.

[43] Vgl. Ernst; Schneider; Thielen 2018, S. 3.

4 Monte-Carlo-Simulation

In diesem Kapitel wird die **Monte-Carlo-Simulation** in ihrem theoretischen Konstrukt analysiert. Aus diesem Grund werden im ersten Teilkapitel der Prozess des Aufbaus einer Monte-Carlo-Simulation mit Microsoft Excel beschrieben und die Funktionsweise der Simulation betrachtet. Anschließend werden die zugrundeliegenden **Wahrscheinlichkeitsverteilungen** einer Monte-Carlo-Simulation beschrieben sowie Plan- und Erwartungswerte differenziert betrachtet. In den folgenden Ausführungen wird die Monte-Carlo-Simulation mit dem Kürzel MCS beschrieben.

4.1 Aufbauprozess und Funktionsweise einer Monte-Carlo-Simulation

In der Literatur wird der Aufbau der MCS mit Microsoft Excel nach einem einheitlichen Muster beschrieben. Das bedeutet, dass sich die Kernaktivitäten im Laufe der Zeit nicht verändert haben und der vorgelagerte Prozessschritt die Basis des nachgelagerten Prozessschrittes darstellt. Die Buchautoren haben die Kernaktivitäten des Prozesses zur Erstellung einer MCS, auf Basis von Veröffentlichungen führender Autoren, in der nachfolgenden Abbildung 5 kompakt dargestellt.

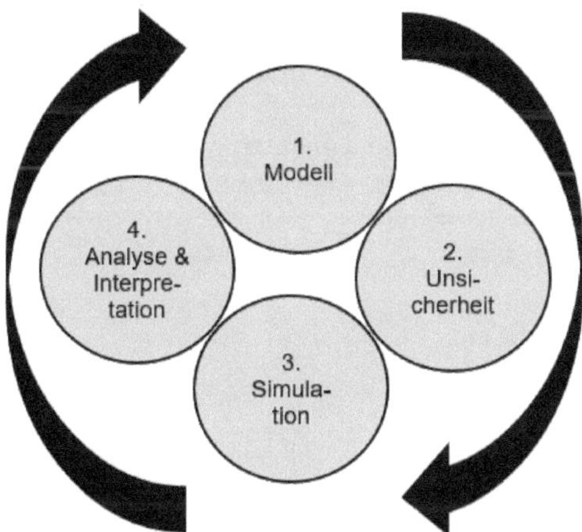

Abbildung 5: Prozess zur Erstellung einer MCS mit Microsoft Excel

Quelle: Eigene Darstellung in Anlehnung an: Bleuel, H. (2006): Monte-Carlo-Analysen im Risikomanagement mittels Software-Erweiterungen zu MS-Excel – dargestellt am Fallbeispiel der Unternehmensplanung, in: Controlling – Zeitschrift für erfolgsorientierte Unternehmenssteuerung 07/06, S. 372-373.; Gleißner, W.; Wolfrum, M. (2019): Risikoaggregation und Monte-Carlo-Simulation – Schlüsseltechnologie für Risikomanagement und Controlling, 1. Aufl., Wiesbaden: Springer Verlag.

1. Modell:

Zu Beginn des Prozesses wird ein deterministisches Modell in Microsoft Excel aufgebaut. Hierbei handelt es sich um ein Modell, das durch eindeutige, rechnerische Beziehungen gekennzeichnet ist und dadurch **Ursache-Wirkungs-Beziehungen** aufweist. Zufallszahlen bleiben in einem deterministischen Modell unberücksichtigt. Als Beispiel eines deterministischen Modells kann der Aufbau einer unternehmerischen

GuV-Rechnung genannt werden, da von den geplanten Umsatzerlösen geplante Aufwendungen abgezogen werden.[44]

2. Unsicherheit:

Im nächsten Schritt muss die Unsicherheit in der Planung identifiziert werden. Als unsicher gelten die Planwerte, die sich für die Zukunft nicht vollends vorherbestimmen lassen. Sichere Planwerte können die fixen Abschreibungen darstellen, die für das kommende Planjahr wertmäßig ohne weitere Risiken vorherbestimmt werden können. Für die unsicheren Faktoren, wie z. B. die Umsatzplanung, können **Wahrscheinlichkeitsverteilungen** gewählt werden, die mit ihren zugrundeliegenden Parametern konkrete Planwerte in risikoadjustierte Werte umwandeln. Lag der jährliche Umsatz in der Vergangenheit immer zwischen 480, 500 und 530, können diese Werte als Parameter der Dreiecksverteilung dienen und die Umsatzplanung in eine risikoadjustierte Umsatzplanung umwandeln. Der dreiecksverteilte Umsatz kann in Microsoft Excel als Eingabewert und das EBIT-Ergebnis als Ausgabewert definiert werden.[45]

3. Simulationsläufe:

Nachdem alle unsicheren Planwerte identifiziert, diese durch Wahrscheinlichkeitsverteilungen beschrieben und in das deterministische Modell integriert wurden, kann die MCS nach Festlegung der Anzahl an Simulationsläufen gestartet werden. Werden in den Einstellungen der MCS z. B. 5.000 Simulationsläufe hinterlegt bedeutet das, dass die MCS 5.000 verschiedene Werte aus den zugrundeliegenden Parametern der Wahrscheinlichkeitsverteilungen zieht. Anschließend werden diese Werte in die Planrechnung überführt und dadurch 5.000 mögliche EBIT-Werte generiert. Damit liefert das **Financial Model** eine EBIT-Planung unter Risikogesichtspunkten. Mit anderen Worten beschrieben handelt es sich nicht mehr um einen Planwert, sondern um einen **Erwartungswert** des EBIT-Ergebnisses. Aus den 5.000 verschiedenen EBIT-Werten wird fortan ein Wert per Zufall gezogen und in der Ausgabezelle angezeigt.[46] Eine neue Ziehung der Zufallsvariable kann mit der Taste F9 veranlasst werden. Die Taste F9, die eine Ziehung neuer Zufallsvariablen veranlasst, funktioniert nur dann, wenn das Microsoft Excel-Add-In Risk Kit installiert ist. Um eine hohe Aussagekraft erzielen zu können, muss in einer leeren Excel-Zelle mit einer Mittelwert-

---

[44] Vgl. Gleißner 2016, S. 16-18.

[45] Vgl. Gleißner 2019a, S. 42-45.

[46] Vgl. Oehler 2018, S. 216-217.

Funktion der wahrscheinlichste Erwartungswert der EBIT-Ausgabezelle ermittelt werden, da der zufällig gezogene Wert sehr nahe am oder sehr weit entfernt vom Erwartungswert liegen kann. Der ausgegebene Zufallswert kann wertmäßig niedriger (Gefahr) oder höher (Chance) als der ursprüngliche Planwert ausfallen. Im Falle der Gefahr können unvorhergesehene Kombinationseffekte von Einzelrisiken den EBIT-Wert deutlich geringer als vorerst angenommen ausfallen lassen. Auf der anderen Seite können Chancen der Zukunft, begünstigt durch außerplanmäßige Kostenentlastungen, für eine positive Abweichung des ursprünglich geplanten EBIT-Wertes sorgen.[47]

4. Analyse und Interpretationen:

Nach Abschluss der Simulation erscheinen je nach Anzahl an definierten Ausgabezellen entsprechend gleich viele Diagramme. Diese Diagramme werden in Form von Histogrammen, also als Häufigkeitsverteilungen der simulierten Ergebnisse angezeigt. Wird der dreiecksverteilte Umsatzwert als Eingabe- und das EBIT-Ergebnis als Ausgabewert der MCS definiert, bedeutet das, dass das Histogramm, das die simulierten EBIT-Werte veranschaulicht, auf Basis der 5.000 Ziehungen der Umsatzvariablen berechnet wird. Das Controlling kann auf Basis des Histogramms weitere statistische Analysen und Interpretationen durchführen. Der Controller kann bspw. zur Erkenntnis gelangen, dass der EBIT-Wert von bspw. 250 Mio. € im Planjahr 3 zu 80 % nicht unterschritten wird. Darüber hinaus kann aber auch die Erkenntnis reifen, dass das Modell an gewissen Stellen nachzujustieren ist, weshalb der vierte Prozessschritt der Auslöser eines erneuten Durchlaufs der vier Prozessschritte darstellen kann.

4.2 Wahrscheinlichkeitsverteilungen

In Kapitel 4.1 wurde bereits der Aufbau und die Funktionsweise der MCS beschrieben. Der wichtigste Bestandteil im Rahmen der Durchführung einer MCS stellen die **Wahrscheinlichkeitsverteilungen** dar. Durch diese Wahrscheinlichkeitsverteilungen werden Risiken in das Financial Model übertragen, indem generierte Zufallsvariablen deutlich positiver (Chance) oder negativer (Gefahr) als der ursprünglich geplante Wert ausfallen können. Entsprechende Monte-Carlo-Simulationsprogramme stellen dabei eine Vielzahl an verschiedenen Verteilungsfunktionen zur Verfügung. Im Folgenden werden die wichtigsten Verteilungsfunktionen beschrieben.

---

[47] Vgl. Meyer; Spitzner 2019, S. 43.

4.2.1 Normalverteilung

Die **Normalverteilung**, oder auch Gauß-Verteilung, wird in der Statistik den stetigen Verteilungen zugeordnet. Ein Merkmal ist dann stetig, wenn unendlich viele Ausprägungen beobachtbar sind. In Bezug auf ein produzierendes Unternehmen, das Elektrowerkzeuge herstellt, kann das Gewicht einer Akku-Bohrmaschine als stetiges Merkmal bezeichnet werden. Bei einem Zufallsexperiment „Gewicht von 1.000 Akku-Bohrmaschinen von Typ A" kann das Elektrowerkzeug schwerer oder leichter als die zu erwartenden 1.000 Gramm sein. Die Abweichung vom Erwartungswert wird im Rahmen der Normalverteilung als Standardabweichung bezeichnet. Es wird jedoch sehr wenige Akku-Bohrmaschinen in diesem Zufallsexperiment geben, die deutlich schwerer bzw. leichter als die zu erwartenden 1.000 Gramm sind. Die absolute Häufigkeit ist in diesen beiden Fällen am geringsten und im Fall des Erwartungswertes am höchsten.[48]

Darüber hinaus basiert die Normalverteilung auf dem **zentralen Grenzwertsatz**. Der zentrale Grenzwertsatz beschreibt das Ereignis, das bei zunehmendem Stichprobenumfang (n) die Darstellung der Normalverteilung in ihrer typischen glockenkurvigen Form zum Vorschein kommt. In anderen Worten impliziert ein niedriger Stichprobenumfang (n) Zufallsvariablen, die sowohl in die eine als auch die andere Richtung ausschlagen können. Bei zunehmendem Stichprobenumfang wird der Zufall Stück für Stück relativiert und die Annäherung an den „wahren" Mittelwert durchgeführt. Neben dem beschriebenen Zufallsexperiment und seiner zugrunde liegenden stetigen Zufallsvariable, können auch sämtliche Kosten aus der Unternehmenspraxis normalverteilt sein.[49]

4.2.2 Dreiecksverteilung

Die **Dreiecksverteilung** ist wie die Normalverteilung den stetigen Wahrscheinlichkeitsverteilungen zuzuordnen. Um Zufallsvariablen mit der Dreiecksverteilung erzeugen zu können, werden drei Parameter benötigt. Diese Parameter stellen mit (a) minimalem, (b) realistischem und (c) maximalem Wert z. B. den Umsatz eines Unternehmens, einer Vertriebsabteilung oder auch einer Business Unit dar. Die Dreiecksverteilung darf nicht mit der Szenariotechnik bzw. Dreipunktverteilung verwechselt werden, da in diesem Fall für die Bestimmung der drei Szenarien je eine mögliche Kombination der Planungsparameter

---

[48] Vgl. Hedderich; Sachs 2020, S. 269-271.

[49] Vgl. Fröhlich et. al. 2020, S. 49-50.

zum Ausgang der drei definierten Szenarien führt. Bei der Dreipunktverteilung liegen den drei definierten Szenarien drei berechnete Wahrscheinlichkeiten zugrunde (diskrete Wahrscheinlichkeitsverteilung). Mit der Dreiecksverteilung und der zugrundeliegenden Dichtefunktion wird ermittelt, wie dicht die betrachteten Werte um einen bestimmten Punkt liegen. Mit anderen Worten beschrieben wird die Wahrscheinlichkeit der Dreiecksverteilung durch die Bildung von Integralen unendlich vieler Werte errechnet (stetige Wahrscheinlichkeitsverteilung).[50]

4.2.3 PERT-Verteilung

Eine Alternative zur Dreiecksverteilung ist die **PERT-Verteilung** (PERT = Program Evaluation and Review Technique), bei der ebenfalls drei Werte angegeben werden (minimaler Wert, wahrscheinlichster Wert (Modus), maximaler Wert). Im Gegensatz zur Dreiecksverteilung betont die PERT-Verteilung weniger stark die Ränder, sondern weist eine Verdichtung um den wahrscheinlichsten Wert auf. Das bedeutet, dass wir bei Anwendung der PERT-Verteilung dem wahrscheinlichsten Wert „trauen", und wir davon ausgehen, dass der zukünftige Wert nahe dem wahrscheinlichsten Wert sein wird. Wenn man davon ausgeht, dass viele Phänomene normalverteilt sind, besteht die Attraktivität der PERT-Verteilung darin, dass sie eine ähnliche Kurve wie die Normalverteilung generiert, ohne dass die genauen statistischen Parameter der Normalverteilung (Erwartungswert und der Standardabweichung) bekannt sein müssen.

4.2.4 Binomialverteilung

Die **Binomialverteilung** gehört den diskreten Verteilungen der Statistik an und basiert auf dem Bernoulli-Prozess. Beim Bernoulli-Prozess können lediglich zwei Ereignisse bei n-maliger Durchführung eintreten. Übertragen auf das quantitative Risikomanagement bedeutet das, dass die Binomialverteilung den Eintritt eines Schadens bzw. den Nicht-Eintritt eines Schadens untersucht. Die traditionelle Anwendung der Binomialverteilung im Rahmen der MCS fokussiert jedoch ein konkretes Risiko, das über den Zeitraum eines Jahres genau einmal mit der Wahrscheinlichkeit p eintreten kann. Darüber hinaus lässt sich die Konsequenz im Sinne eines monetären Schadens mit der MCS bestimmen. Als Beispiele aus der Unternehmenspraxis können der Ausfall eines Schlüsselkunden oder einer Maschine von hoher Wichtigkeit im

---

[50] Vgl. Gleißner; Wolfrum 2011, S. 248-250.

Fertigungsprozess genannt werden. Die Risiken, die sich mit der Binomialverteilung beschreiben lassen, können entweder Chancen oder Gefahren sein. Kann ein Risiko Chance und Gefahr zugleich sein, ist die Normalverteilung der Binomialverteilung vorzuziehen. Tritt ein Ereignis häufiger als einmal im Jahr auf, kann die allgemeine Binomialverteilung oder gar die **Poisson-Verteilung** angewandt werden, da die Bedingung nicht mehr $n = 1$, sondern $n > 1$ lautet.[51]

4.2.5 Gleichverteilung

Die **Gleichverteilung** geht in ihrer stetigen wie diskreten Form davon aus, dass alle Ausprägungen der Zufallsvariable gleichwahrscheinlich ausfallen. Am Beispiel der diskreten Verteilung kann das Würfeln einer Zahl mit einem üblichen Würfel als gleichverteilt bezeichnet werden, da die Wahrscheinlichkeit eine eins, zwei, drei usw. zu würfeln, gleichwahrscheinlich ist. Die stetige Gleichverteilung wird aufgrund ihrer Dichtefunktion häufig als Rechteckverteilung bezeichnet. Eine Zufallsvariable ist dann stetig gleichverteilt, wenn sie innerhalb eines definierten Intervalls in ihrer Ausprägung gleichwahrscheinlich ist. In diesem Fall stimmt der Erwartungswert mit der Mitte der Dichtefunktion überein. Zudem kann mit einer Vergrößerung des Intervalls eine Zunahme der Varianz beobachtet werden, da die Zufallsvariable weiter entfernt vom Erwartungswert liegen kann.[52]

4.2.6 Weibull-Verteilung

Die **Weibull-Verteilung** gehört den asymmetrischen, stetigen Wahrscheinlichkeitsverteilungen an. Somit lässt sich ihre Zufallsvariable über eine Dichtefunktion bestimmen. Mithilfe der Weibull-Verteilung lassen sich Lebensdauern und Nutzungshäufigkeiten verschiedenster Objekte berechnen.[53] Aufgrund der drei Parameter, die zu einer flexiblen Erstellung einer Weibull-Verteilung beitragen, kann diese Verteilung über die angesprochenen Anwendungsbereiche hinaus verwendet werden. Zu den drei Parametern gehören der Lageparameter, der den Ausgangspunkt der Abszissenachse definiert, sowie der Streu- und Formparameter. Diese Variabilität ermöglicht, je nach zugrunde liegender Zufallsvariable, den Aufbau einer links- wie rechtssteilen Weibull-Verteilungskurve.[54]

---

[51] Vgl. Gleißner; Wolfrum 2019, S. 15-18.

[52] Vgl. Kosfeld; Eckey; Türck 2019, S. 111-112.; S. 141-142.

[53] Vgl. Fricke 2020, S. 230.

[54] Vgl. Schäfer 2017, S. 149-151.

4.3 Plan- und Erwartungswerte

Die Unternehmensplanung gehört zu den wiederkehrenden Aufgaben eines Controllers, die vor jedem neuen Geschäftsjahr erstellt wird (Jahresplanung). Jedoch liefert diese Jahresplanung nur ein mögliches Szenario über die Vermögens-, Ertrags- und Finanzlage des kommenden Geschäftsjahres. In der Praxis dominiert diese Art der Planung, die einen **Planwert** zum Ergebnis hat. In diesem Fall werden alle relevanten Kennzahlen, die ein Management zur Steuerung seines Unternehmens benötigt, in einer möglichen Ausprägung präsentiert. Der Manager, der in diesem Fall den „Tunnelblick“ hat, kann sich weder ein Bild über die einwertige Planung hinaus verschaffen noch weitere Auswirkungen auf die Vermögens-, Ertrags- und Finanzlage gedanklich durchspielen.

In den heutigen Zeiten, in der die Zukunft zunehmend volatiler, unsicherer, komplexer und mehrdeutiger (VUCA = volatility, uncertainty, complexity, ambiguity)[55] ist, ergibt eine Unternehmensplanung, die lediglich ein mögliches Szenario zum anstehenden Geschäftsjahr liefert, nur wenig Sinn. Gelingt den Unternehmen nicht der Sprung von der einwertigen Planung hin zur Bandbreitenplanung, können keine risikogerechten Entscheidungen abgeleitet bzw. die erwarteten Erträge nicht den Risiken gegenübergestellt werden. Die Bandbreitenplanung stellt die Voraussetzung der Erwartungswerte dar, da diese mithilfe der MCS und der 5.000 Ziehungen, 5.000 verschiedene Szenarien der zugrundeliegenden Kennzahl des neuen Geschäftsjahres liefert. Im Falle der Bandbreitenplanung zeigt der **Erwartungswert**, was im Mittel (auf Basis der gewählten Informationen) unter Berücksichtigung der Chancen und Gefahren (Risiken) eintreten wird. Die Definition des Erwartungswertes zeigt, dass nur dieser Wert den Charakteristika der Zukunft gerecht wird, da der Erwartungswert auf Basis der Ziehungen (Volatilität) und der Risiken (Unsicherheit) berechnet wird.

Darüber hinaus kann aufgrund der unzureichenden Prognosefähigkeit des Menschen der Planwert, der als wahrscheinlichster Wert betrachtet wird, unter keinen Umständen bzw. nur durch großes Glück eintreten. Zur Objektivierung drängt sich eine Bandbreitenplanung mit Erwartungswerten regelrecht auf.[56]

---

[55] Vgl. Domke; Granica 2019, S. 9.

[56] Vgl. Gleißner; Kalwait 2017, S. 45-46.

5 Monte-Carlo-Simulation mit dem Excel-Add-In Risk Kit am Beispiel der Monte-Carlo STAHL AG

In diesem Kapitel wird die MCS mit dem Excel-Add-In Risk Kit auf Basis von Jahresabschlüssen der Monte-Carlo STAHL AG (M.C. STAHL AG) durchgeführt. Das Ziel dieses Kapitels ist es, den Mehrwert der MCS im Controlling herauszuarbeiten und praktische Anwendungsgebiete für den Alltag eines Controllers vorzustellen. Um sich diesem Ziel anzunähern, wurde eine Microsoft Excel-Toolbox erstellt, in der Bilanz- und GuV-Kennzahlen, Cashflows, Economic Value Added (EVA) und Rating in Verbindung mit den Funktionen der MCS berechnet werden.

5.1 Ausgangslage

Die Ausgangslage stellt der vom Institut der deutschen Wirtschaftsprüfer (IDW) erstellte Prüfstandard **IDW PS 340 n.F.** dar. Mit dem **IDW PS 340 n.F.** wird das Ziel verfolgt, die vom Vorstand ergriffenen Maßnahmen, die sich aus dem § 91 Abs. 2 AktG ergeben müssen, im Rahmen der Jahresabschlussprüfung durch den Wirtschaftsprüfer prüfen zu lassen. Der **§ 91 Abs. 2 AktG** verlangt vom Vorstand die Errichtung eines Risikoüberwachungssystems, um bedrohliche Entwicklungen, die die Aufrechterhaltung der Gesellschaft gefährden können, frühzeitig zu erkennen. Damit bestandsgefährdende Entwicklungen der Gesellschaft erkannt werden können, muss die individuelle Risikotragfähigkeit im Unternehmen quantifiziert und bewertet werden. Anschließend fordert der Prüfstandard die Bewertung identifizierter Risiken nach Eintrittswahrscheinlichkeit und Schadensausmaß. Nach diesem Arbeitsschritt verlangt der Gesetzgeber vom Vorstand die Durchführung der Risikoaggregation. Mithilfe der Risikoaggregation werden die potenziellen Risiken unter Berücksichtigung der Kombinationen sowie deren Wechselwirkungen zu einer Gesamtrisikoposition der Gesellschaft zusammengefasst.[57] Eine aussagekräftige Risikoaggregation kann nur dann erfolgen, wenn sie mit einer computergestützten Software, die eine **Monte-Carlo-Simulation (MCS)** ausüben kann, durchgeführt wird. Das händische Aufaddieren identifizierter Risiken ist weder zielführend noch korrekt und stellt einen fahrlässigen Umgang im Rahmen der Risikobewertung dar, da das Eintreten von zwei Einzelrisiken eine bestandsgefährdende Entwicklung nehmen kann.[58]

Die Autoren haben auf Basis der Anforderung des IDW ein **Financial Model** erstellt, das um die MCS modular erweitert wird. Die MCS wird mit dem Excel-Add-In **Risk Kit** von der WEHRSPOHN GmbH & Co. KG, die von dem gleichnamigen Geschäftsführer *Dr. Uwe Wehrspohn* gegründet wurde, durchgeführt.[59] Das Financial Model basiert auf den Jahresabschlüssen der Geschäftsjahre t-4 – t0 der M.C. STAHL AG und enthält im Wesentlichen eine Fünfjahresplanung der GuV-, Bilanz- und Cashflow-Rechnung. Die Planung der zukünftigen Geschäftsjahre erfolgt auf Basis von historischen Daten der M.C. STAHL AG Jahresabschlussberichte und der Erkennung von Trendentwicklungen, die zur Erstellung der Fünfjahresplanung herangezogen werden. Das Cockpit

[57] Vgl. § 91 Abs. 2 AktG.; IDW PS 340 n.F. (Stand 15.07.2019), S. 1-2.

[58] Vgl. Gleißner; Wolfrum 2019, S. 1.

[59] Vgl. WEHRSPOHN GmbH & Co. KG (Hrsg.) 2021, online.

der Planung stellt das Tabellenblatt „Annahmen“ im Financial Model dar, das alle Positionen der GuV-, Bilanz- und Cashflow-Rechnung für die kommenden fünf Jahre planerisch abdeckt. Wird bspw. die Bilanzposition Sachanlagen für das Geschäftsjahr (GJ) t1 geplant, erfolgt eine multiplikative Verknüpfung des Sachanlagenwertes t0 mit der hinterlegten Wachstumsrate der Sachanlagen für das GJ t1, die in dem Tabellenblatt „Annahmen“ hinterlegt ist. Das beschriebene Vorgehen hat den Vorteil, dass Planungsanpassungen lediglich im Tabellenblatt „Annahmen“ erfolgen, wodurch Planwertänderungen automatisch in der GuV-, Bilanz- und Cashflow-Rechnung berechnet werden.[60]

Nachdem die zuvor beschriebene Excel-Planung abgeschlossen wurde, wird der Aufbau der MCS Schritt für Schritt in den folgenden Kapiteln beschrieben. Im Wesentlichen muss die Unsicherheit identifiziert und in das Financial Model integriert werden. Anschließend werden Planwerte in Erwartungswerte transformiert und zu guter Letzt die Ergebnisse mit der MCS simuliert. Mit der Interpretation der Ergebnisse und der Kommunikation im Sinne eines Reportings, ist der Prozess einmal durchlaufen. An dieser Stelle taucht die Verbindung zum Risikomanagement auf, da mit anderen Worten beschrieben Risiken identifiziert, bewertet, aggregiert und abschließend kommuniziert werden.

5.2 Tabellenreiter des Financial Models

In der nachfolgenden Tabelle 6 werden sämtliche **Tabellenreiter** des Financial Models dargestellt und im Anschluss kurz zusammengefasst.

Der Ausgangspunkt des Financial Models stellt der Tabellenreiter „**Annahmen**“ dar, da in diesem die Werte der letzten fünf Jahre aus GuV, Bilanz Aktiva und Bilanz Passiva aus den M.C. STAHL AG Jahresabschlussberichten übertragen wurden. Auf dieser Basis wurden die kommenden fünf Jahre inkl. des Terminal Value geplant. Die Planung wurde auf Basis von Trendentwicklungen der Vergangenheit oder planerischen Annahmen für jede GuV- und Bilanzposition getätigt. Darüber hinaus wurden Annahmen zu den Kapitalkosten und dem Capital Employed getroffen.

---

[60] Vgl. Ernst; Häcker 2016a, S. 34-35.

Tabellenreiter	Funktion	Inhalt
Annahmen	Cockpit	Planungsprämissen für GuV, Bilanz, Cashflow-Rechnung, Kapitalkosten und Capital Employed
Monte-Carlo-Parameter	Cockpit	Wahrscheinlichkeitsverteilungen für GuV-Positionen
Risk Kit Dashboard	Reporting	Aggregation der simulierten Kennzahlen
Bilanzkennzahlen	Szenarien	Monte-Carlo-Simulation
Rentabilitätskennzahlen	Szenarien	Monte-Carlo-Simulation
StVA	Szenarien	Monte-Carlo-Simulation
GuV-Kennzahlen	Szenarien	Monte-Carlo-Simulation
Cashflows	Szenarien	Monte-Carlo-Simulation
Insolvenzwahrscheinlichkeit	Szenarien	Monte-Carlo-Simulation
GuV - geplant	Planung	GuV-Fünfjahresplan - Planungswerte
Bilanz Aktiva - geplant	Planung	Bilanz Aktiva-Fünfjahresplan - Planungswerte
Bilanz Passiva - geplant	Planung	Bilanz Passiva-Fünfjahresplan - Planungswerte
GuV - erwartet	Erwartung	GuV-Fünfjahresplan - Erwartungswerte
Bilanz Aktiva - erwartet	Erwartung	Bilanz Aktiva-Fünfjahresplan - Erwartungswerte
Bilanz Passiva - erwartet	Erwartung	Bilanz Passiva-Fünfjahresplan - Erwartungswerte
Eigenkapitalquote 1	Statistiken	Standardstatistiken der Monte-Carlo-Simulation
Eigenkapitalquote 2	Ziehungen	Ergebnisse der 5.000 Simulationsläufe

Tabelle 6: Tabellenreiter des Financial Models in Excel
Quelle: Eigene Darstellung.

Der Tabellenreiter „**Monte-Carlo-Parameter**“ wird im nachfolgenden Kapitel 5.3 detailliert beschrieben, da die Inhalte zur Durchführung einer MCS essenziell wichtig sind. Die beiden orangenen Tabellenblätter stellen in ihrer Funktion das Cockpit des Financial Models dar, weil sich diese als Input-Tabellenblätter eindeutig von den Output-Tabellenblättern unterscheiden.[61]

Der Tabellenreiter „**Risk Kit Dashboard**“ fasst die Simulationsergebnisse der gelben Tabellenreiter, in denen die MCS zur Anwendung kommt, zusammen. Das Dashboard ist dynamisch aufgebaut und kann für jede Kennzahl und jedes Planjahr inkl. des Terminal Value visualisiert werden. Die wichtigsten statistischen Kennzahlen werden je nach selektiertem Planjahr ebenfalls angepasst. Das „Risk Kit Dashboard“ wird im Kapitel 5.11 detailliert beschrieben.

Die gelben Tabellenreiter befassen sich inhaltlich mit modellierten **Kennzahlen** aus den Bereichen Bilanz, Rentabilität, STAHL AG Value Added (StVA), GuV, Cashflow und Insolvenzwahrscheinlichkeit. Die Szenarien, die mit dem Excel-Add-In Risk Kit simuliert werden, stellen neben dem Modeling den Kern des Buches dar, da erzeugte Schaubilder analysiert und interpretiert sowie das Potential der MCS im Control-

[61] Vgl. Ernst; Häcker 2016a, S. 34-35.

ling an dieser Stelle zum Vorschein kommt. Ausführliche Beschreibungen zur Berechnung, Analyse und Interpretation der jeweiligen Szenarien befinden sich in den Kapiteln 5.5 – 5.10.

Die rötlichen und grünen Tabellenreiter sind inhaltlich identisch aufgebaut, unterscheiden sich jedoch darin, dass die Ergebnisse der rötlichen Tabellenreiter durch **Planwerte** und die der grünen Tabellenreiter durch **Erwartungswerte** errechnet werden. Die nachfolgende Abbildung 6 soll das beschriebene Vorgehen beim Modellaufbau weiter vertiefen.

Gewinn- und Verlustrechnung						
Mio €, mit Ausnahme Ergebnis je Aktie in €	Plan t1	Plan t2	Plan t3	Plan t4	Plan t5	Plan TV
Umsatzerlöse (erwartet)	29.292	30.283	32.513	34.613	36.560	38.191
Umsatzerlöse (geplant)	29.332	30.506	32.336	34.276	35.990	37.430
Umsatzerlöse (Risiko)	-41	-223	176	337	569	761

Abbildung 6: Aufbaustruktur von Plan- und Erwartungswerten am Beispiel des Umsatzes
Quelle: Eigene Darstellung.

Die „Umsatzerlöse (erwartet)“ für Planjahr t2 der M.C. STAHL AG, ergeben sich rechnerisch aus der multiplikativen Verknüpfung der Umsatzerlöse des Planjahres t1 mit der modellierten Wachstumsrate der „Monte-Carlo-Parameter“ für das Jahr t2 (Erwartungswert). Der Unterschied zur Position „Umsatzerlöse (geplant)“ im selben Planjahr liegt lediglich in der multiplikativen Verknüpfung des Vorjahresumsatzes t1 mit der geplanten Wachstumsrate des Tabellenreiters „Annahmen“ für das Jahr t2 (Planwert). Die Differenz aus „Umsatzerlöse (erwartet)“ und „Umsatzerlöse (geplant)“ stellt das Risiko dar, das nach der Risikodefinition von *Gleißner* positiv (Chance) oder negativ (Gefahr) ausfallen kann.[62] Die auf Erwartungswerten basierende Bilanz wird in den nachfolgenden Abbildungen 7 und 8 veranschaulicht.

[62] Vgl. Gleißner 2017a, S. 25.

Bilanz Aktiva											
	Ist	Ist	Ist	Ist	Ist	Plan	Plan	Plan	Plan	Plan	Plan
Mio €, mit Ausnahme Ergebnis je Aktie in €	t-4	t-3	t-2	t-1	t0	t1	t2	t3	t4	t5	TV
Immaterielle Vermögenswerte	4.570	4.813	4.393	5.029	2.075	2.075	2.075	2.075	2.075	2.075	2.075
Sachanlagen (einschließlich als Finanzinvestition gehaltene Immobilien)	8.938	7.605	4.791	8.144	6.319	6.250	6.183	6.116	6.049	5.984	5.919
Nach der Equity-Methode bilanzierte Beteiligungen	284	154	48	128	722	722	722	722	722	722	722
Sonstige finanzielle Vermögenswerte	44	43	32	39	658	658	658	658	658	658	658
Sonstige nicht finanzielle Vermögenswerte	445	207	144	240	230	230	230	230	230	230	230
Aktive latente Steuern	2.322	1.680	1.116	1.733	497	497	497	497	497	497	497
Langfristige Vermögenswerte	**16.603**	**14.502**	**10.524**	**15.313**	**10.501**	**10.432**	**10.365**	**10.298**	**10.231**	**10.166**	**10.101**
Vorräte	6.341	6.957	5.159	7.781	5.922	5.009	5.132	5.413	5.759	5.976	6.292
Forderungen aus Lieferungen und Leistungen	5.003	5.734	5.529	5.488	4.833	4.239	4.369	4.656	5.086	5.354	5.600
Vertragsvermögenswerte	-	-	-	1.443	1.575	1.449	1.362	1.308	1.282	1.256	1.231
Sonstige finanzielle Vermögenswerte	407	420	330	808	535	535	535	535	535	535	535
Sonstige nicht finanzielle Vermögenswerte	2.376	1.923	1.838	1.642	1.414	1.453	1.498	1.596	1.744	1.836	1.920
Laufende Ertragsteueransprüche	172	220	249	294	162	219	219	219	219	219	219
Zahlungsmittel und Zahlungsmitteläquivalente	4.105	5.292	2.987	3.706	11.547	11.316	11.090	10.868	10.651	10.438	10.333
Zur Veräußerung vorgesehene Vermögenswerte	65	-	7.252	-	-						
Überschussliquidität						1.832	2.072	2.235	2.908	3.930	4.750
Kurzfristige Vermögenswerte	**18.469**	**20.546**	**23.344**	**21.162**	**25.989**	**26.053**	**26.279**	**26.830**	**28.184**	**29.543**	**30.881**
Summe Vermögenswerte	**35.072**	**35.048**	**33.868**	**36.475**	**36.490**	**36.485**	**36.643**	**37.128**	**38.415**	**39.709**	**40.982**

Abbildung 7: Bilanz Aktiva – erwartet. Quelle: Eigene Darstellung.

Bilanz Passiva											
Mio €, mit Ausnahme Ergebnis je Aktie in €	Ist t-4	Ist t-3	Ist t-2	Ist t-1	Ist t0	Plan t1	Plan t2	Plan t3	Plan t4	Plan t5	Plan TV
Gezeichnetes Kapital	1.449	1.594	1.594	1.594	1.594	1.594	1.594	1.594	1.594	1.594	1.594
Kapitalrücklage	5.434	6.664	6.664	6.664	6.664	6.664	6.664	6.664	6.664	6.664	6.664
Gewinnrücklagen	-5.255	-5.401	-5.535	-6.859	1.472	1.181	624	273	659	1.414	2.090
Kumuliertes sonstiges Ergebnis	474	33	82	352	80	204	204	204	204	204	204
Eigenkapital der Aktionäre der Monte Carlo STAHL AG	**2.102**	**2.890**	**2.805**	**1.751**	**9.810**	**9.643**	**9.087**	**8.736**	**9.121**	**9.877**	**10.552**
Nicht beherrschende Anteile	507	515	469	469	364	364	364	364	364	364	364
Eigenkapital	**2.609**	**3.404**	**3.274**	**2.220**	**10.174**	**10.007**	**9.451**	**9.100**	**9.485**	**10.241**	**10.916**
Veränderung Eigenkapital						-167	-557	-351	386	756	675
Rückstellungen für Pensionen und ähnliche Verpflichtungen	8.754	7.924	4.128	8.947	8.560	8.988	9.437	9.909	10.405	10.613	10.825
Rückstellungen für sonstige langfristige Leistungen an Arbeitnehmer	373	354	182	307	289	289	289	289	289	292	295
Sonstige Rückstellungen	589	645	295	554	507	517	528	538	549	560	571
Passive latente Steuern	33	111	28	48	58	58	58	58	58	58	58
Finanzschulden	6.157	5.326	5.087	6.529	5.303	5.330	5.356	5.383	5.410	5.437	5.464
Sonstige finanzielle Verbindlichkeiten	221	182	157	136	96	96	96	96	96	96	96
Sonstige nicht finanzielle Verbindlichkeiten	6	5	4	6	6	6	6	6	6	6	6
Langfristige Verbindlichkeiten	**16.134**	**14.546**	**9.882**	**16.527**	**14.819**	**15.284**	**15.770**	**16.279**	**16.813**	**17.062**	**17.315**
Finanzierungslücke						-	-	-	-	-	-
Rückstellungen für kurzfristige Leistungen an Arbeitnehmer	408	357	334	357	156	156	157	157	157	158	158
Sonstige Rückstellungen	963	1.183	1.067	1.726	1.188	1.206	1.224	1.242	1.261	1.274	1.293
Laufende Ertragsteuerverbindlichkeiten	279	254	207	260	166	166	166	166	166	166	166
Finanzschulden	1.455	1.930	147	886	1.199	1.235	1.272	1.310	1.349	1.390	1.418
Verbindlichkeiten aus Lieferungen und Leistungen	5.119	5.729	5.266	6.355	3.475	3.022	3.097	3.266	3.474	3.606	3.797
Sonstige finanzielle Verbindlichkeiten	975	842	635	1.209	665	668	672	675	678	682	685
Vertragsverbindlichkeiten	-	-	-	4.561	3.073	3.134	3.197	3.261	3.326	3.393	3.461
Sonstige nicht finanzielle Verbindlichkeiten	7.130	6.802	6.626	2.373	1.575	1.607	1.639	1.671	1.705	1.739	1.774
Verbindlichkeiten in Verbindung mit zur Veräußerung vorgesehenen VW.	-	-	6.430	-	-	-	-	-	-	-	-
Kurzfristige Verbindlichkeiten	**16.329**	**17.097**	**20.711**	**17.728**	**11.497**	**11.194**	**11.423**	**11.749**	**12.118**	**12.406**	**12.760**
Verbindlichkeiten	**32.463**	**31.643**	**30.593**	**34.255**	**26.316**	**26.478**	**27.193**	**28.028**	**28.930**	**29.468**	**30.066**
Summe Eigenkapital und Verbindlichkeiten	**35.072**	**35.047**	**33.868**	**36.475**	**36.490**	**36.485**	**36.643**	**37.128**	**38.416**	**39.709**	**40.982**

Abbildung 8: Bilanz Passiva – erwartet. Quelle: Eigene Darstellung.

Die grauen Tabellenreiter stellen die Ergebnisse jeder MCS aller behandelter Kennzahlen dar. In Tabelle 6 werden exemplarisch die Tabellenreiter aufgeführt, die die Ergebnisse der MCS für die erste Kennzahl „**Eigenkapitalquote**" beschreiben. Der Unterschied von „Eigenkapitalquote 1" zu „Eigenkapitalquote 2" liegt darin, dass der erste der beiden Tabellenreiter die wichtigsten Statistiken des Excel-Add-In Risk Kit ausgibt. Dazu zählen bspw. der Mittelwert (Erwartungswert), Standardabweichung, Varianz und die verschiedensten Quantile. Der zweite Tabellenreiter zeigt jeden einzelnen gezogen Wert der MCS für die modellierten Planjahre inkl. des Terminal Value der Kennzahl „Eigenkapitalquote". Werden in den Optionen des Excel-Add-In Risk Kit 5.000 Simulationsläufe selektiert, werden in diesem Tabellenreiter 5.000 Werte ausgeben. Für alle weiteren Kennzahlen gilt dieselbe beschriebene Logik.

Abschließend kann festgehalten werden, dass sich die „geplant"-Tabellenreiter auf das Cockpit „Annahmen" und die „erwartet"-Tabellenreiter auf das Cockpit „Monte-Carlo-Parameter" beziehen. Aus diesem Grund wird der Modelaufbau im Bereich der GuV und Bilanz nach Plan- bzw. Erwartungswerten nicht weiter beschrieben, da das veranschaulichte Vorgehen nach Abbildung 6 simultan für alle weiteren Positionen angewendet werden kann. Die simulierten Ergebnisse der MCS beziehen sich auf Kennzahlen in den gelb markierten Tabellenreitern. Die Simulationsergebnisse wurden in dem Tabellenreiter „Risk Kit Dashboard" visualisiert und die detaillierten Statistiken und Werte der Simulationsläufe einzelner Kennzahlen in den grauen Tabellenreitern gespeichert.

5.3 Monte-Carlo-Parameter

Die „**Monte-Carlo-Parameter**" können als Hauptgegenstand der MCS bezeichnet werden, da in diesem Reiter die verschiedensten Wahrscheinlichkeitsverteilungen modelliert werden. Wie bereits in Kapitel 5.2 beschrieben, hat der Tabellenreiter „Monte-Carlo-Parameter" die Funktion des Cockpits inne, weil Anpassungen an dieser Stelle automatisch durch das ganze Modell durchgerechnet werden. Die Hauptaufgabe der Parameter liegt in der Überführung unternehmerischer Risiken in das bis dato deterministisch geprägte Excel-Modell.

Beim Aufbau der MCS sind die Autoren nach der folgenden Methodik vorgegangen, die nach der Aufzählung näher erläutert wird:

[1] Identifikation aller risikobehafteten GuV-Positionen

[2] Auswahl der geeigneten Wahrscheinlichkeitsverteilung je risikobehafteter GuV-Position

[3] Planung der Parameter je Wahrscheinlichkeitsverteilung für die kommenden fünf Geschäftsjahre inkl. des Terminal Value

[4] Verknüpfung der generierten Zufallszahl mit GuV-, Bilanz- und Cashflow-Rechnung

In der Praxis werden zu Beginn vom Controller alle risikobehafteten Positionen der Gewinn- und Verlustrechnung analysiert. Darunter fallen alle Positionen, die nicht vollends in der geplanten Höhe eintreten werden bzw. die Positionen, die mit einer gewissen Unsicherheit behaftet sind.[63] Am Beispiel von der M.C. STAHL AG wurden folgende GuV-Positionen als Grundlage zum Aufbau der „Monte-Carlo-Parameter" identifiziert.

GuV-Position	Wahrscheinlichkeitsverteilung
Umsatzerlöse	Dreiecksverteilung
Umsatzkosten	Normalverteilung
Vertriebskosten	Normalverteilung
Allgemeine Verwaltungskosten	Normalverteilung
Sonstige Aufwendungen (kleine bis große Forderungsausfälle)	Gleichverteilung
Sonstige Aufwendungen (Ausfall eines Großkunden)	Dreiecksverteilung in Kombination mit der Binomialverteilung
Forschungs- und Entwicklungskosten	Weibull-Verteilung
Sonstige Erträge	Weibull-Verteilung

Tabelle 7: GuV-Positionen der Monte-Carlo-Parameter
Quelle: Eigene Darstellung.

Die **Auswahl der Wahrscheinlichkeitsverteilungen** können über den Pfad *Risk Kit* ➲ *Eindimensionale Verteilungen* ➲ *Dreiecksverteilung* ➲ *Einzelne Zufallszahl* in Excel ausgewählt werden. Anschließend wird der Modellersteller zur Eingabe von Modellparametern aufgefordert. Am Beispiel der Dreiecksverteilung werden ein minimaler, ein maximaler und ein Wert, der als wahrscheinlichster Wert gilt, gefordert. Die Normalverteilung fordert die Eingabe eines Erwartungswertes und der Standardabweichung. Bei der Gleichverteilung wird eine Unter- und

[63] Vgl. Gleißner 2019a, S. 42.

Obergrenze benötigt, wohingegen die Binomialverteilung eine Wahrscheinlichkeit des Zufallsexperimentes sowie die Anzahl der Ziehung verlangt. Die Weibull-Verteilung erfordert einen Lage-, Streu- und Formparameter. Die Parameter können in der Praxis vom Controlling auf Basis von historischen Unternehmensdaten, Expertengesprächen, Benchmark-Daten oder der Bestimmung möglicher Extremereignisse identifiziert werden. Im Rahmen dieses Buches basieren die Parameter auf gewählten Annahmen in Anlehnung an den zugrundeliegenden Jahresabschlussberichten der M.C. STAHL AG. Das finale Ergebnis in Microsoft Excel kann wie folgt dargestellt werden.

Monte-Carlo-Parameter						
	Plan t1	Plan t2	Plan t3	Plan t4	Plan t5	Plan TV
Dreiecksverteilung						
Umsatzwachstum	1,4%	6,6%	7,1%	4,3%	5,4%	3,5%
- Minimumwert	1,0%	2,0%	3,0%	3,0%	3,0%	2,0%
- Wahrscheinlichster Wert	1,5%	4,0%	6,0%	6,0%	5,0%	4,0%
- Maximumwert	2,0%	7,0%	10,0%	10,0%	9,0%	6,0%
Normalverteilung						
Schwankungen Umsatzkosten	3,1%	0,9%	-0,2%	-4,9%	-13,6%	-1,0%
- Erwartungswert	0,0%	0,0%	0,0%	0,0%	0,0%	0,0%
- Standardabweichung	6,0%	6,0%	6,0%	6,0%	6,0%	6,0%
Schwankungen Vertriebskosten	-0,8%	7,3%	3,5%	0,4%	6,9%	-1,9%
- Erwartungswert	0,0%	0,0%	0,0%	0,0%	0,0%	0,0%
- Standardabweichung	3,0%	3,0%	3,0%	3,0%	3,0%	3,0%
Schwankungen allg. Verwaltungskosten	0,7%	-2,4%	-1,6%	-0,4%	-3,5%	1,8%
- Erwartungswert	0,0%	0,0%	0,0%	0,0%	0,0%	0,0%
- Standardabweichung	2,0%	2,0%	2,0%	2,0%	2,0%	2,0%
Gleichverteilung						
Sonstige Aufwendungen						
Kleine Forderungsausfälle	91,8%	78,4%	27,0%	39,8%	9,8%	86,7%
- Untergrenze	0,0%	0,0%	0,0%	0,0%	0,0%	0,0%
- Obergrenze	100,0%	100,0%	100,0%	100,0%	100,0%	100,0%
- Eintrittswahrscheinlichkeit für den Forderungsausfall	30,0%	30,0%	30,0%	30,0%	30,0%	30,0%
- Schadenshöhe in % der Umsatzerlöse	0,5%	0,5%	0,5%	0,5%	0,5%	0,5%
- Erwartete Schadenshöhe in % der Umsatzerlöse	0,0%	0,0%	0,5%	0,0%	0,5%	0,0%
Mittlere Forderungsausfälle	11,6%	51,4%	84,6%	87,5%	4,8%	50,2%
- Untergrenze	0,0%	0,0%	0,0%	0,0%	0,0%	0,0%
- Obergrenze	100,0%	100,0%	100,0%	100,0%	100,0%	100,0%
- Eintrittswahrscheinlichkeit für den Forderungsausfall	5,0%	5,0%	5,0%	5,0%	5,0%	5,0%
- Schadenshöhe in % der Umsatzerlöse	0,8%	0,8%	0,8%	0,8%	0,8%	0,8%
- Erwartete Schadenshöhe in % der Umsatzerlöse	0,0%	0,0%	0,0%	0,0%	0,8%	0,0%
Große Forderungsausfälle	4,4%	94,2%	1,8%	17,3%	17,9%	90,9%
- Untergrenze	0,0%	0,0%	0,0%	0,0%	0,0%	0,0%
- Obergrenze	100,0%	100,0%	100,0%	100,0%	100,0%	100,0%
- Eintrittswahrscheinlichkeit für den Forderungsausfall	1,0%	1,0%	1,0%	1,0%	1,0%	1,0%
- Schadenshöhe in % der Umsatzerlöse	1,2%	1,2%	1,2%	1,2%	1,2%	1,2%
- Erwartete Schadenshöhe in % der Umsatzerlöse	0,0%	0,0%	0,0%	0,0%	0,0%	0,0%
Binomialverteilung/Dreiecksverteilung						
Ausfall eines Großkunden	0	0	0	0	0	0
Schadenshöhe in €	0	0	0	0	0	0
- Schadenshöhe in € (Minimal)	500	500	500	500	500	500
- Schadenshöhe in € (Wahrscheinlich)	700	700	700	700	700	700
- Schadenshöhe in € (Maximal)	1.100	1.100	1.100	1.100	1.100	1.100
Erwartete Schadenshöhe in Summe in €	0	0	0	0	0	0

Weibullverteilung						
Positive Schwankungen Forschungs- und Entwicklungskosten	4%	3%	5%	5%	7%	14%
- Lage	0%	0%	0%	0%	0%	0%
- Streuung	5%	5%	5%	5%	5%	5%
- Form	1,5	1,5	1,5	1,5	1,5	1,5
Positive Schwankungen Sonstige Erträge	3%	2%	2%	1%	3%	2%
- Lage	0%	0%	0%	0%	0%	0%
- Streuung	2%	2%	2%	2%	2%	2%
- Form	1,5	1,5	1,5	1,5	1,5	1,5

Abbildung 9: Monte-Carlo-Parameter in Microsoft Excel
Quelle: Eigene Darstellung.

Die in den nachfolgenden Kapitel 5.3.1 – 5.3.5 sowie 5.4 – 5.11 dargestellten Abbildungen sind mit dem Excel-Add-In **Risk Kit** erstellt worden.

5.3.1 Dreiecksverteilung

Am Beispiel der gewählten **Dreiecksverteilung** für die Umsatzerlöse des Planjahres t2 wird die Dreiecksverteilung wie folgt grafisch dargestellt (Parameter: Minimalwert A: 2,0 %; Wahrscheinlichster Wert B: 4,0 %; Maximalwert C: 7,0 %).

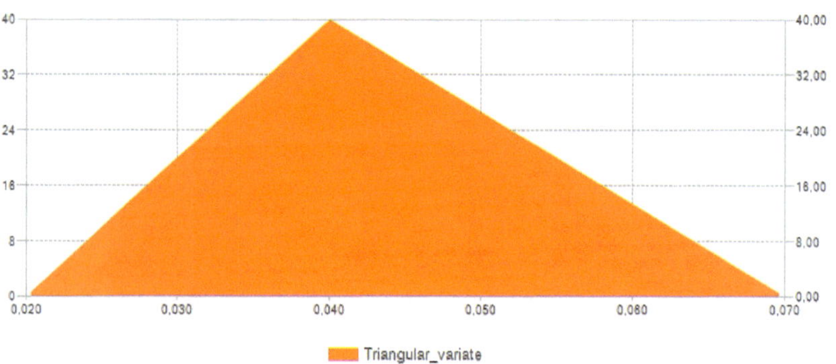

Abbildung 10: Dreiecksverteilung – Umsatzerlöse Planjahr t2
Quelle: Eigene Darstellung.

Die gewählten Werte können in der Praxis das Ergebnis einer Planungsrunde von Experten der Controlling-Abteilung sein.[64] In Bezug auf die Umsatzplanung wird das folgende Szenario angenommen. In Anbetracht der in der Vergangenheit gestarteten Restrukturierungsmaßnahmen des STAHL AG Konzerns kann eine wahrscheinliche Umsatzwachstumsrate im Planjahr t2 von 4,0 % im Vergleich zum Vorjahr

[64] Vgl. Gleißner 2019b, S. 32.

angenommen werden. Im schlechtesten Fall sind nur 2,0 % und im besten Fall 7,0 % Wachstum im Vergleich zum Vorjahr denkbar. Jedoch wird in Abbildung 10 ersichtlich, dass die Dreiecksverteilung nicht mit der in der Praxis üblichen Drei-Punkt-Planung bzw. Szenariotechnik zu verwechseln ist, da es sich bei der Dreiecksverteilung um eine stetige Wahrscheinlichkeitsverteilung handelt. Die Zufallszahl wird in diesem Fall statistisch ermittelt und liegt werttechnisch innerhalb oder exakt auf einem der definierten Parameter.[65]

5.3.2 Normalverteilung

Die **Normalverteilung** gilt als eine der bedeutsamsten Wahrscheinlichkeitsverteilungen im Aufbau einer risikoadjustierten Planung, da sie betriebswirtschaftliche Ereignisse treffend beschreibt. In Bezug auf die GuV können sämtliche Positionen mit der Normalverteilung beschrieben werden, die entweder durch Chancen in Form von Kostensenkungen oder durch Gefahren in Form von Kostensteigerungen charakterisiert sind.[66] Bei der M.C. STAHL AG trifft dieser Tatbestand auf die Umsatz-, Vertriebs- und allgemeinen Verwaltungskosten zu. Nachfolgend wird für das Planjahr t2 der M.C. STAHL AG die Normalverteilung mit ihren Parametern μ und σ am Beispiel der Umsatzkosten beschrieben. Dieses Verfahren kann analog auf die Vertriebs- und allgemeinen Verwaltungskosten angewandt werden.

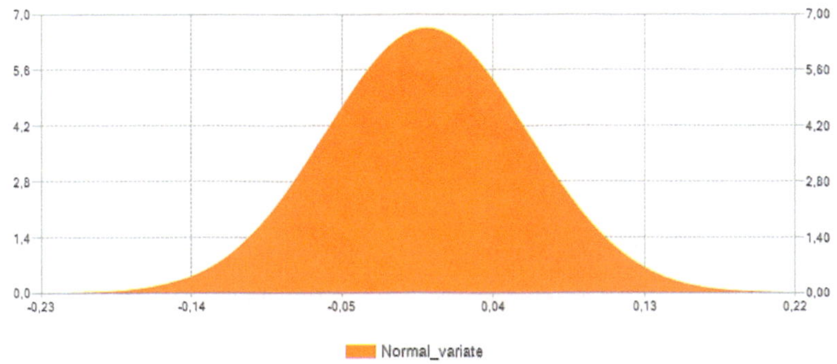

Abbildung 11: Normalverteilung – Umsatzkosten Planjahr t2
Quelle: Eigene Darstellung.

[65] Vgl. Gleißner; Wolfrum 2011, S. 248-250.

[66] Vgl. Hedderich; Sachs 2020, S. 269-271.

Aus der Abbildung 11 kann die Erkenntnis abgeleitet werden, dass die Zufallszahl, die als Wachstumsrate für die GuV-Position Umsatzkosten für das Planjahr t1 verwendet wird, um den Erwartungswert (μ) von 0 % mit einer Standardabweichung (σ) von 6 % schwankt. Darüber hinaus sind Umsatzkostensteigerungen von 4 % bzw. -senkungen von 5 % deutlich realistischer als Umsatzkostensteigerungen/-senkungen an den äußersten Quantilen. Unter den Umsatzkosten sind alle Kosten zu verstehen, die zur Erzielung des Umsatzes anfallen.[67] Am Beispiel der M.C. STAHL AG können also die Materialkosten im Stahlgeschäft schwanken und sich positiv oder negativ auf das Betriebsergebnis auswirken.

5.3.3 Gleichverteilung

Die **Gleichverteilung** kommt im Risikomanagement und dem Controlling lediglich im stetigen Fall vor. Die stetige Gleichverteilung wird in der Modellbildung immer dann herangezogen, wenn über konkrete Umweltzustände und deren Eintrittswahrscheinlichkeiten keine verlässlichen Aussagen getroffen werden können. In diesem Beispiel wird über das gesamte Intervall die gleiche Eintrittswahrscheinlichkeit unterstellt. Die folgende Abbildung 12 veranschaulicht die Gleichverteilung mit dem Excel-Add-In Risk Kit.

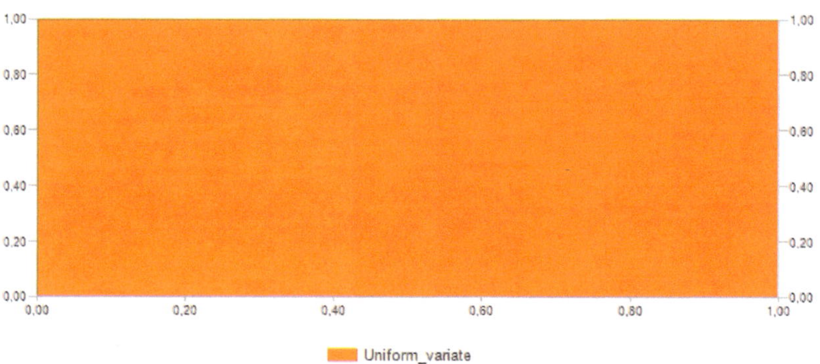

Abbildung 12: Gleichverteilung – sonstige Aufwendungen Planjahr t2
Quelle: Eigene Darstellung.

Die Gleichverteilung kann in der Praxis zur Modellierung von Forderungsausfällen herangezogen werden.[68] Die Parameter A und B mit den Werten 0 % und 100 % stehen für die Unter- und Obergrenze des gleichverteilten Graphs in Abbildung 12. Wird die generierte Zufallszahl an

---

[67] Vgl. Binder 2017, S. 61.

[68] Vgl. Stiefl 2010, S. 69-71.

die Eintrittswahrscheinlichkeit eines kleinen, mittleren und großen Forderungsausfalls und des entsprechenden Schadensausmaßes in % bezogen auf den Umsatz modelliert, können Kundenausfälle in das Modell implementiert werden. Bezogen auf das Financial Model werden für das Planjahr t2 kleinere Forderungsausfälle mit einer Eintrittswahrscheinlichkeit von 30 % modelliert. Übersteigt die Zufallszahl diesen Schwellenwert, wird ein Verlust von 0,5 % des Umsatzes im Planjahr t2 realisiert.

5.3.4 Binomialverteilung

Mit der **Binomialverteilung** wird die Eintrittswahrscheinlichkeit *p* eines Zufallsexperiments unter Berücksichtigung der Anzahl der Ziehungen (n) beschrieben. Im Controlling kann die Binomialverteilung für die Fragestellung „ob ein konkreter Schaden eintritt und falls ja, mit welchem Schadensausmaß?“ herangezogen werden. [69] Im nachfolgenden Beispiel wurde die Binomialverteilung mit der Dreiecksverteilung kombiniert und dadurch der Ausfall eines Großkunden modelliert.

	Plan t1	Plan t2	Plan t3	Plan t4	Plan t5	Plan TV
Binomialverteilung/Dreiecksverteilung						
Ausfall eines Großkunden	0	1	0	0	0	0
Schadenshöhe in €	0	886	0	0	0	0
- Schadenshöhe in € (Minimal)	500	500	500	500	500	500
- Schadenshöhe in € (Wahrscheinlich)	700	700	700	700	700	700
- Schadenshöhe in € (Maximal)	1.100	1.100	1.100	1.100	1.100	1.100
Erwartete Schadenshöhe in Summe in €	0	886	0	0	0	0

Abbildung 13: Binomialverteilung – sonstige Aufwendungen Planjahr t2
Quelle: Eigene Darstellung.

In der Praxis könnten für das Zufallsexperiment „Ausfall eines Großkunden“ die letzten 100 Monate (n) im Rechnungswesen fokussiert und der Ausfall eines Großkunden mit 0,01 % *p*, also einem Großkundenausfall in den letzten 100 Monaten beziffert werden. In Abbildung 13 wäre dieses Ereignis für das Planjahr t2 wiederkehrend, da das Ergebnis einen Großkundenausfall für den betrachteten Zeitraum liefert. In diesem Fall greift die Dreiecksverteilung, die im betrachteten Szenario ein Umsatzverlust von 886 Mio. € für das Planjahr t2 annimmt.

5.3.5 Weibull-Verteilung

Im Financial Model können mit der **Weibull-Verteilung** die positiven Schwankungen der Forschungs- und Entwicklungskosten sowie der

---

[69] Vgl. Kosfeld; Eckey; Türck 2019, S. 117-118.

sonstigen Erträge abgebildet werden. Die Konsequenz der ausschließlich positiven Schwankungen liegt darin, dass die Zufallsvariablen der Forschungs- und Entwicklungskosten gleichbleibende bzw. höhere Kosten verglichen zur Vorperiode errechnet. Übertragen auf die sonstigen Erträge bedeutet das, dass die Erträge gleichbleibend bzw. höher als jene der Vorperiode ausfallen werden. Diese Annahme wird dadurch begründet, dass die Forschungs- und Entwicklungskosten des STAHL AG Konzerns aufgrund der Klimastrategie, die eine nachhaltige Produktion bis zum Jahr t45 verlangt, zu- statt abnehmen werden. Mit dieser Strategie soll das Produktionsverfahren emissionsfrei ausgestaltet werden. Die sonstigen Erträge befassen sich ausschließlich mit der Verbuchung von Erträgen, die in den zukünftigen Planperioden ansteigen bzw. ein bestimmtes Niveau nicht unterschreiten. Die nachfolgende Abbildung 14 visualisiert die Weibull-Verteilung am Beispiel der Forschungs- und Entwicklungskosten.

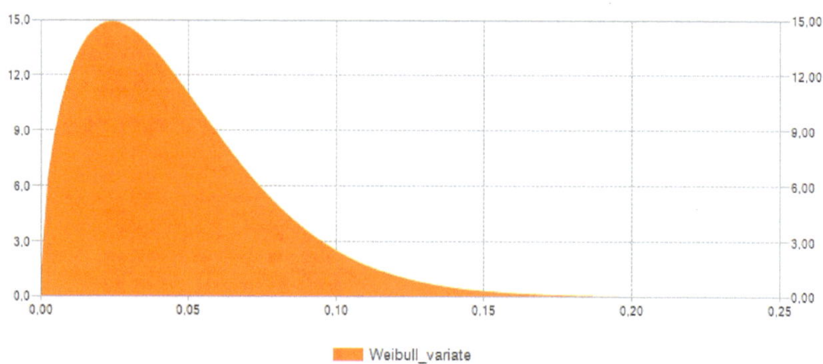

Abbildung 14: Weibull-Verteilung – Forschungs- und Entwicklungskosten Planjahr t2. Quelle: Eigene Darstellung.

Der Lageparameter A entspricht 0 %, da die Zufallsvariable 0 % bzw. größer 0 % annehmen kann. Dieser Parameter entspricht dem Ausgangspunkt, ab dem positive Zufallsvariablen generiert werden können. Der Streuparameter B beschreibt mit seinen 5 % die Standardabweichung der Verteilung. Der Formparameter mit dem Faktor 1,5 wurde gewählt, um der Weibull-Verteilung ihre typische linkssteile Kurvenform zu verleihen. Darüber hinaus impliziert die linkssteile Kurve eine höhere Wahrscheinlichkeit niedrigerer Zufallszahlen und eine geringere Wahrscheinlichkeit von positiven Extremwerten.[70]

[70] Vgl. Schäfer 2017, S. 149-151.

Die Autoren haben sich für die Weibull-Verteilung entschieden, da mit der Weibull-Verteilung Zufallsvariablen zwischen 0 und 1 logischer generiert werden können als mit der Lognormalverteilung, die alle positiven reellen Zahlen abdeckt, jedoch Werte deutlich größer 1 berechnet.

Die Zufallsvariablen der fünf gewählten Wahrscheinlichkeitsverteilungen wurden exemplarisch für das Planjahr t2 beschrieben. Die Erstellung der Zufallsvariablen der weiteren Planjahre folgt der beschriebenen Logik. Darüber hinaus werden die generierten Zufallsvariablen in Form einer Wachstumsrate für alle Planjahre des Financial Models mit den betroffenen Positionen der GuV verknüpft. Die Verknüpfung hat den Vorteil, dass bei Durchführung der MCS 5.000 Ziehungen der Zufallsvariablen erfolgen und der zugrundeliegende Output das Ergebnis aus den 5.000 Simulationsläufen darstellt. Dabei werden die Risiken aus den fünf gewählten Wahrscheinlichkeitsverteilungen aggregiert und im Output entsprechend berücksichtigt.

Nachdem die Aufbaustruktur des Financial Models beschrieben wurde, werden im nächsten Teilkapitel Expertenbefragungen zur Generierung von Verteilungsfunktionen behandelt und in Microsoft Excel modelliert. Mit den Expertenbefragungen wird das Ziel verfolgt, eine „bessere“ Grundlage für die Monte-Carlo-Simulation zu schaffen, weil die Risiko-Inputvariablen der Verteilungsfunktionen nicht immer intuitiv bestimmbar sind. Dieses Teilkapitel ist als ein kleiner Exkurs zu verstehen, weil **im Financial Model** nicht mit den Ergebnissen dieses Kapitels weitergerechnet wird. Alle nachfolgenden Kapitel (ab Kapitel 5.5) beschränken sich auf die Berechnung der Szenarien, die durch die gelben Tabellenreiter in Tabelle 6 repräsentiert werden.

5.4 Exkurs: Generierung von Verteilungsfunktionen durch Expertenbefragungen

Entscheidend für den Erfolg einer Monte-Carlo-Simulation sind aussagekräftige Monte-Carlo-Parameter. Die Situation „Garbage in, Garbage out“ soll vermieden werden, da die Monte-Carlo-Simulation dazu helfen soll, bessere Entscheidungen zu treffen. Dazu bedarf es valider Ausgangsdaten über die Risikoparameter. Unternehmen fehlt es häufig an einer empirischen Datengrundlage. Gründe hierfür sind, dass

- das Unternehmen neu ist (z.B. Startup-Unternehmen) bzw. ein schwer vergleichbares Geschäftsmodell besitzt (Unternehmen in einer Nische),
- die für die Simulation benötigten internen Daten in der Vergangenheit vom Unternehmen nicht erhoben wurden,

- die vorliegenden Daten unzureichend oder nur von qualitativer Natur sind,
- die in der Vergangenheit erfassten Daten für die Zukunft nicht mehr aussagekräftig und prognoserelevant sind (bspw. durch Veränderung des Geschäftsmodells, technischer Wandel, Veränderung der Nachfrage etc.),
- die Kosten für die Datenbeschaffung in keinem angemessenen Kosten-Nutzenverhältnis zueinanderstehen,
- die für die Datenbeschaffung und Auswertung benötigten Kompetenzen im Unternehmen nicht vorhanden sind.[71]

Als einziger Ausweg zur Generierung aussagekräftiger Daten im Sinne von Verteilungsfunktionen für Risikoparameter bleiben nur Expertenbefragungen. Expertenbefragung ermitteln durch strukturierte Interviews mit Fachleuten Wissen, das anderweitig nicht generierbar ist. Diese Expertenbefragungen basieren auf der persönlichen Erfahrung und der Intuition der Experten. Dies bedeutet aber nicht, dass diese Informationen eine geringere Aussagekraft haben als historische Daten. Häufig ist das Gegenteil der Fall, da die Experten das Unternehmen und seine Entwicklung besser einschätzen können als es durch historische Daten zum Ausdruck kommt. Des Weiteren ist auch möglich, vergangenheitsorientierte, empirische Datensample mit zukunftsgerichteten Expertenmeinungen zu kombinieren.[72]

Im Rahmen der Experteninterviews empfiehlt es sich, zur Ermittlung der Risikobandbreiten ausschließlich auf leicht interpretierbare Wahrscheinlichkeits- und Dichtefunktionen zurückzugreifen. Diese sollten flexibel und leicht durch den jeweiligen Experten anzupassen sein. Damit scheiden jene Verteilungstypen aus, deren Parameter keine unmittelbare Verbindung zu der Verteilungsform besitzen.

Die von den Experten erstellten Wahrscheinlichkeitsverteilungen werden durch eine Monte-Carlo-Simulation aggregiert und zu einer Gesamtwahrscheinlichkeitsverteilung zusammengefasst. Somit können die verschiedenen Expertenschätzungen zusammengefasst genutzt werden. Dabei werden mögliche Expertenschätzungen zufällig ausgewählt und kombiniert. Anschließend wird mit der so gewählten Verteilung eine Ausprägung der Zufallsvariable, also ein mögliches Umsatzwachstum, berechnet. Die unsichere Variable Umsatz kann nun durch eine vorgegebene Verteilung beschrieben werden, deren Parameter selbst

---

[71] Vgl. Klein 2010, S. 10 f.

[72] Vgl. Ernst; Häcker 2021, S. 199-207.

unsicher sind (Wahrscheinlichkeitsverteilung 2. Ordnung). Die so bestimmte Wahrscheinlichkeitsverteilung erfasst die Unsicherheit der Schätzung des Umsatzwachstums der einzelnen Experten, aber auch die Divergenz der Schätzung verschiedener Experten. Abschließend kann durch eine Kalibrierung aus dem Histogramm des Umsatzwachstums eine stetige Verteilung des Umsatzwachstums ermittelt werden.[73]

Vorgehensweise[74]

In der Praxis können bspw. drei Experten unabhängig voneinander Einschätzungen über die Umsatzentwicklung in den kommenden Jahren, in Form einer Wahrscheinlichkeitsverteilung, geben. Die Ergebnisse können wie folgt ausfallen:

Experte 1: Das Umsatzwachstum weist eine Dreiecksverteilung mit den folgenden Eingabewerten auf:

- Jahr t1: Minimum = 1,0% Wahrscheinl. Wert = 1,5% Maximum = 2,0%
- Jahr t2: Minimum = 2,0% Wahrscheinl. Wert = 4,0% Maximum = 7,0%
- Jahr t3: Minimum = 3,0% Wahrscheinl. Wert = 6,0% Maximum = 10,0%
- Jahr t4: Minimum = 3,0% Wahrscheinl. Wert = 6,0% Maximum = 10,0%
- Jahr t5: Minimum = 3,0% Wahrscheinl. Wert = 5,0% Maximum = 9,0%
- TV: Minimum = 3,0% Wahrscheinl. Wert = 5,0% Maximum = 9,0%

Experte 2: Das Umsatzwachstum weist eine PERT-Verteilung mit den folgenden Eingabewerten auf:

- Jahr t1: Minimum = 1,25% Wahrscheinl. Wert = 1,75% Maximum = 2,25%
- Jahr t2: Minimum = 2,25% Wahrscheinl. Wert = 4,25% Maximum = 7,25%
- Jahr t3: Minimum = 3,25% Wahrscheinl. Wert = 6,25% Maximum = 10,25%
- Jahr t4: Minimum = 3,25% Wahrscheinl. Wert = 6,25% Maximum = 10,25%

---

73 Vgl. Ernst; Häcker 2021, S. 201.

74 Die hier dargestellte Vorgehensweise ist angelehnt an Ernst; Häcker 2021, S. 201-207.

- Jahr t5: Minimum = 3,25% Wahrscheinl. Wert = 5,25% Maximum = 9,25%
- TV: Minimum = 2,25% Wahrscheinl. Wert = 4,25% Maximum = 6,25%

Experte 3: Das Umsatzwachstum weist eine PERT-Verteilung mit den folgenden Eingabewerten auf:

- Jahr t1: Erwartungswert = 0,0% Standardabweichung = 3,0%
- Jahr t2: Erwartungswert = 0,0% Standardabweichung = 3,0%
- Jahr t3: Erwartungswert = 0,0% Standardabweichung = 3,0%
- Jahr t4: Erwartungswert = 0,0% Standardabweichung = 3,0%
- Jahr t5: Erwartungswert = 0,0% Standardabweichung = 3,0%
- TV: Erwartungswert = 0,0% Standardabweichung = 3,0%

Den Einschätzungen der Experten werden folgende Gewichte zugeordnet:

- **Experte 1:** 30%
- **Experte 2:** 40%
- **Experte 3**: 30%

Im nächsten Schritt müssen die Verteilungsfunktionen der drei Experten in das Financial Model integriert werden. Die Dreiecksverteilung wird in die Zellen D8:I8, die PERT-Verteilung in die Zellen D13:I13 und die Normalverteilung in die Zellen D18:I18 mit den obengenannten Variablen eingetragen. Nachdem die Verteilungsfunktionen in das Financial Model integriert wurden, müssen die beschriebenen Zellbereiche mithilfe des Microsoft Excel-Add-Ins Risk Kit als Inputvariablen gekennzeichnet werden (*Risk Kit ➲ Eingabe*). Im darauffolgenden Schritt werden die Gewichtungen der Experten in das Financial Model in der Spalte C eingetragen. Anschließend kann das aggregierte Umsatzwachstum berechnet werden, indem bspw. für das Planjahr t1 die Dreiecksverteilung t1 x Gewicht Experte 1 + die PERT-Verteilung t1 x Gewicht Experte 2 + die Normalverteilung t1 x Gewicht Experte 3 berechnet wird. Mithilfe von Microsoft Excel ergibt sich somit folgende Rechenformel für Planjahr t1, die kopiert und für die weiteren Planjahre eingefügt werden kann:

- D22=$C$8*D8+$C$13*D13+$C$18*D18

Die Berechnungen zum aggregierten Umsatzwachstum (Zellen D22:I22) müssen im nächsten Schritt als Outputzellen über den Pfad *Risk Kit ➲ Ausgabe* gekennzeichnet werden. Die Eingabezellen sind fortan grünmarkiert und die Ausgabezellen erhalten eine dunkelgelbe

Markierung, die automatisch zur Visualisierung von Risk Kit bestimmt werden. Im Zellbereich D24:I24 wird der Mittelwert des Umsatzwachstums aus der Simulation berechnet. Dieser Annahmewert ist ein erwartungstreuer Wert, da er alle Szenarien aus der Monte-Carlo-Simulation und damit alle möglichen positiven und negativen Abweichungen vom Mittelwert berücksichtigt. Dieser erwartungstreue Annahmewert kann daher „im Mittel“ als richtig angesehen werden.

Nun wird die Monte-Carlo-Simulation über *Risk Kit* ➲ *Simulation* ausgeführt und die Simulationsergebnisse automatisch in separate Output-Tabellenreiter in dem Financial Model erzeugt. Das Histogramm des aggregierten Umsatzwachstums kann der nachfolgenden Abbildung 15 entnommen werden.

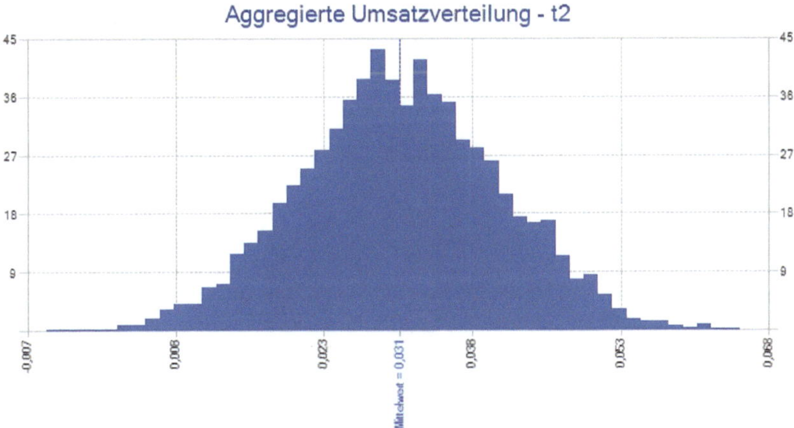

Abbildung 15: Histogramm – aggregierte Umsatzverteilung Planjahr t2
Quelle: Eigene Darstellung.

Das Ergebnis des Histogramms ist die Aggregation der drei beschriebenen Umsatzverteilungen der Experten unter Berücksichtigung der Gewichtungen. Für das Planjahr t2 ist vor diesem Hintergrund mit einem Umsatzwachstum von 3,07% zu rechnen.

Mithilfe von Kalibrierung kann eine stetige Wahrscheinlichkeitsverteilung aus den Simulationsergebnissen abgeleitet werden, mit der im Financial Model weitergerechnet und neue Simulationen durchgeführt werden können. Über das Risk Kit Symbol „Kalibrieren“ kann eine eindimensionale Verteilung kalibriert werden (*Risk Kit* ➲ *Kalibrieren* ➲ *Eindimensionale Verteilung kalibrieren*). Daraufhin öffnet sich ein Fenster, in welchem folgende Einstellungen vorzunehmen sind.

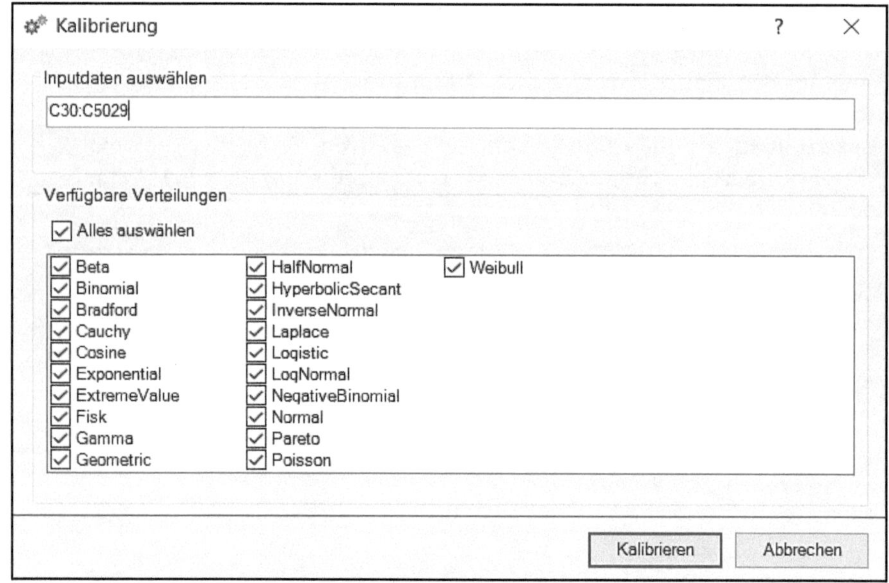

Abbildung 16: Kalibrierung
Quelle: Eigene Darstellung.

Der Zellbereich in „Inputdaten auswählen" stellt inhaltlich die 5.000 einzelnen Simulationsergebnisse des Planjahres t2 dar. Der Haken vor „Alles auswählen" muss gesetzt und der Button „Kalibrieren" gedrückt werden. Das Meldefenster, das nach diesem Schritt in Microsoft Excel erscheint, wird durch Klicken auf „Ok" bestätigt. Das Ergebnis der Kalibrierung zeigt, dass die Normalverteilung die aggregierten Umsatzwachstumsraten am besten wiedergibt.

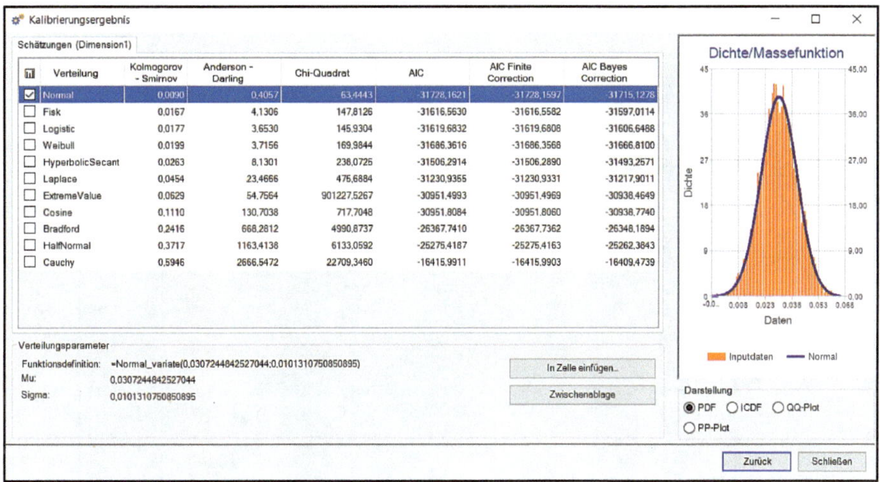

Verteilung	Kolmogorov - Smirnov	Anderson - Darling	Chi-Quadrat	AIC	AIC Finite Correction	AIC Bayes Correction
Normal	0,0090	0,4057	63,4443	-31728,1621	-31728,1597	-31715,1278
Fisk	0,0167	4,1306	147,8126	-31616,5630	-31616,5582	-31597,0114
Logistic	0,0177	3,6530	145,9304	-31619,6832	-31619,6808	-31606,6488
Weibull	0,0199	3,7156	169,9844	-31686,3616	-31686,3568	-31666,8100
HyperbolicSecant	0,0263	8,1301	238,0725	-31506,2914	-31506,2890	-31493,2571
Laplace	0,0454	23,4666	475,6884	-31230,9355	-31230,9331	-31217,9011
ExtremeValue	0,0629	54,7564	901227,5267	-30951,4993	-30951,4969	-30938,4649
Cosine	0,1110	130,7038	717,7048	-30951,8084	-30951,8060	-30938,7740
Bradford	0,2416	668,2812	4990,8737	-26367,7410	-26367,7362	-26348,1894
HalfNormal	0,3717	1163,4138	6133,0592	-25275,4187	-25275,4163	-25262,3843
Cauchy	0,5946	2666,5472	22709,3460	-16415,9911	-16415,9903	-16409,4739

Abbildung 17: Kalibrierungsergebnis
Quelle: Eigene Darstellung.

Anschließend müssen das Feld „In Zelle einfügen..." angeklickt werden und die Zelle D26 in das erscheinende Fenster eingetragen sowie der Button „Funktion einfügen" gedrückt werden. Der Kalibrierungsprozess muss für alle weiteren Planjahre simultan durchgeführt werden.

In den Zellen D26:I26 befinden sich nun die aggregierten stetigen Normalverteilungen der Experten für das Umsatzwachstum.

Ergebnis

Aggregierte Umsatzverteilung							
		Plan t1	Plan t2	Plan t3	Plan t4	Plan t5	Plan TV
Experte 1: Dreiecksverteilung	Gewichtung						
Umsatzwachstum	**30%**	1,53%	5,44%	5,60%	7,78%	7,80%	3,80%
- Minimumwert		1,00%	2,00%	3,00%	3,00%	3,00%	2,00%
- Wahrscheinlichster Wert		1,50%	4,00%	6,00%	6,00%	5,00%	4,00%
- Maximumwert		2,00%	7,00%	10,00%	10,00%	9,00%	6,00%
Experte 2: PERT-Verteilung	Gewichtung						
Umsatzwachstum	**40%**	2,10%	4,47%	6,36%	5,41%	4,85%	4,96%
- Minimumwert		1,25%	2,25%	3,25%	3,25%	3,25%	2,25%
- Wahrscheinlichster Wert		1,75%	4,25%	6,25%	6,25%	5,25%	4,25%
- Maximumwert		2,25%	7,25%	10,25%	10,25%	9,25%	6,25%
Experte 3: Normalverteilung	Gewichtung						
Umsatzwachstum	**30%**	0,25%	2,32%	1,58%	-1,99%	-0,56%	-4,62%
- Erwartungswert		0,0%	0,0%	0,0%	0,0%	0,0%	0,0%
- Standardabweichung		3,0%	3,0%	3,0%	3,0%	3,0%	3,0%
aggregiertes Umsatzwachstum		**1,37%**	**4,12%**	**4,70%**	**3,90%**	**4,11%**	**1,74%**
Durchschnittlicher Erwartungswert des aggregierten Umsatzwachstums		**1,14%**	**3,07%**	**4,47%**	**4,49%**	**3,96%**	**2,89%**
kalibrierte Verteilungsfunktion		**1,40%**	**3,65%**	**3,35%**	**5,02%**	**3,15%**	**2,92%**

Abbildung 18: Ergebnis der Aggregation von Expertenmeinungen
Quelle: Eigene Darstellung.

Die nachfolgenden Kapitel befassen sich mit den Berechnungen der Monte-Carlo-Szenarien (gelbe Tabellenreiter – vgl. Tabelle 6). Darüber hinaus werden die Ergebnisse interpretiert und mögliche Handlungsempfehlungen aus Sicht eines Controllers erarbeitet. Um die Komplexität gering halten zu können, beziehen sich die Ergebnisse und Interpretationen aller Kennzahlen ausschließlich auf das Planjahr t2. Dieses Planjahr beschreibt den Zeitraum vom 01. April t1 bis 31. März t2, weil das Geschäftsjahr der M.C. STAHL AG vom Kalenderjahr abweicht. Zu Beginn werden die Bilanzkennzahlen der Excel-Toolbox berechnet und interpretiert.

5.5 Bilanzkennzahlen

Alle Bilanzkennzahlen haben sich durch die Veräußerung des Monte-Carlo Technologiegeschäftes wesentlich verbessert. Im Wesentlichen trug die Transaktion zur Reduzierung sämtlicher Bilanzpositionen und Erhöhung des Eigenkapitals bei. Die Autoren gelangen zu dieser Erkenntnis, da das Financial Model um die neuesten GuV- und Bilanzwerte des Jahresabschlussberichts t0, der diese Transaktion in den Büchern führt, ergänzt wurde.

5.5.1 Eigenkapital- und Fremdkapitalquote

5.5.1.1 Beschreibung

Die **Eigenkapital- und Fremdkapitalquote** wird durch die Division des Eigenkapitals bzw. des Fremdkapitals durch die Bilanzsumme berechnet. Damit die MCS angewandt werden kann, handelt es sich bei den Positionen um die Erwartungswerte des Eigen- und Fremdkapitals sowie der Bilanzsumme. Das Eigenkapital der M.C. STAHL AG beinhaltet u. a. die Position „Gewinnrücklagen“, die als Summe aus den Gewinnrücklagen des Vorjahres und der GuV-Position „Thesaurierte Gewinne (erwartet)“ errechnet wird. Am Beispiel des Planjahres t2 berechnet sich die Gewinnrücklage des Eigenkapitals durch Addition der Gewinnrücklage des Planjahres t1 und den thesaurierten Gewinnen des Planjahres t2. Die thesaurierten Gewinne stellen das Endergebnis der GuV dar und beinhalten dadurch die Monte-Carlo-Parameter, die das Eigenkapital mit den Wahrscheinlichkeitsverteilungen in Verbindung bringt. Aus diesem Grund stellt das Eigenkapital keinen Planungs-, sondern einen Erwartungswert dar.

Die Verbindung der Wahrscheinlichkeitsverteilungen zum Fremdkapital ergibt sich durch die Bilanzposition „Verbindlichkeiten aus Lieferungen und Leistungen“. Diese Verbindlichkeiten werden im Financial Model als Multiplikation aus den erwarteten Umsatzerlösen und einem Faktor berechnet, der die Kreditorenlaufzeit symbolisiert.

Nachdem die Verknüpfungen im Financial Model umgesetzt wurden, können die Bedingungen der Monte-Carlo-Simulation über den Pfad *Risk Kit ➲ Konfiguration* definiert werden. Im Wesentlichen werden 5.000 Simulationsläufe, der Simulationsmodus „Aktive Arbeitsmappe" sowie das Erzeugen von Grafiken und Standardstatistiken selektiert. Über den Pfad *Risk Kit ➲ Eingabe/Ausgabe* können die Eingabe- und Ausgabewerte bestimmt werden. Als Eingabewerte der Simulation dienen die Zufallsvariablen der erzeugten Wahrscheinlichkeitsverteilungen aller Planjahre und des Termin Value. Als Ausgabewerte können die Eigen- und Fremdkapitalquote aller Planjahre und des Terminal Value, die auf Basis von Erwartungswerten berechnet werden, definiert werden.

5.5.1.2 Simulation und Interpretation

Über den Pfad *Risk Kit ➲ Simulation* wird die Simulation mit ihren 5.000 Simulationsläufen gestartet, die für das Planjahr t2 folgendes Ergebnis für die Eigenkapital- und Fremdkapitalquote liefert.

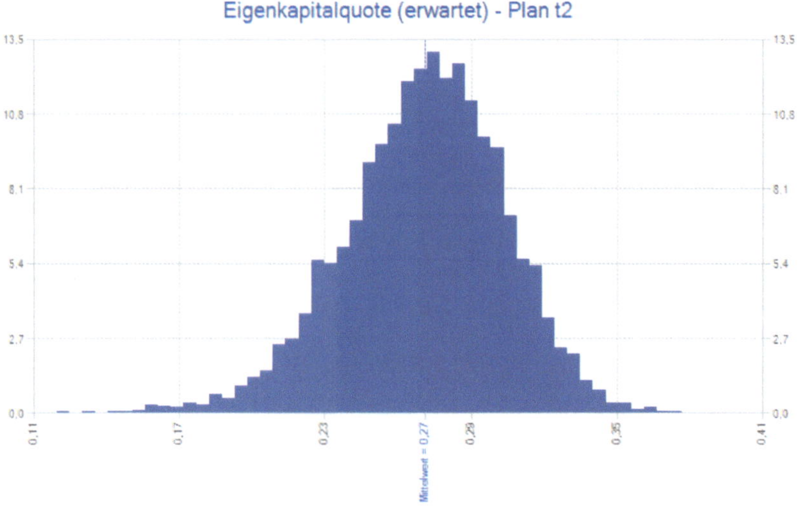

Abbildung 19: Histogramm – Eigenkapitalquote Planjahr t2
Quelle: Eigene Darstellung.

Die MCS liefert für das Planjahr t2 eine erwartete **Eigenkapitalquote** von 27 % und eine erwartete **Fremdkapitalquote** von (1 – 27 % =) 73 %. Die erwartete Eigenkapitalquote von 27 % stellt den Mittelwert der Ergebnisse aus den 5.000 Ziehungen unter Berücksichtigung der Wahrscheinlichkeitsverteilungen dar. Der Mittelwert sollte immer zusätzlich durch die Risk Kit Funktion „Mean“ berechnet werden. Diese Funktion kann durch den Pfad Risk Kit ➲ Statistiken ➲ Mean selektiert werden und muss in einer separaten Zelle, mit Bezug zur betrachtenden Ausgabezelle, modelliert werden. Dieses Vorgehen verhindert Fehlinterpretationen beim Empfänger, weil die Ausgabezelle immer nur einen Wert aus den 5.000 Ergebnissen der MCS anzeigt und die Mean-Funktion den konkreten Mittelwert der 5.000 Ergebnisse berechnet.

Zum besseren Verständnis der Mean-Funktion soll das nachfolgende Zahlenbeispiel dienen. Das Ergebnis der Ausgabezelle für das Planjahr t2 kann einen beliebigen Wert von 0,12 bis 0,37 annehmen. Der Mittelwert aus den 5.000 Monte-Carlo-Ziehungen ist jedoch genau 0,27. Nach Abschluss der Simulation weist das Ergebnis der Mean-Funktion eine Eigenkapitalquote von 27 % aus. Im Financial Model wird dieser Wert als „Durchschnittlicher Erwartungswert Eigenkapitalquote“ betitelt.

Die Eigenkapitalquote des STAHL AG Konzerns hat sich mit dem Verkauf des M.C. Technologiegeschäftes deutlich verbessert. Bevor die aktuellen Zahlen des Jahresabschlussberichtes t0 in das Financial Model integriert wurden, waren Eigenkapitalquoten im niedrigen einstelligen Prozentbereich das Ergebnis der MCS in allen Planjahren und des Terminal Value. Diese Erkenntnis ist deckungsgleich mit einer Pressemeldung durch den STAHL AG Konzern. In dieser Pressemeldung wird eine Eigenkapitalquote von 25 % für das Jahr t0 publiziert, die die Eigenkapitalquote des Vorjahres t-1 deutlich übersteigt. Die gestärkte Eigenkapitalstruktur und -quote haben im Financial Model nicht nur im Planjahr t2, sondern über alle Planjahre inkl. des Terminal Value Bestand. Aus Controllersicht müssen Teile des Eigenkapitals als Soforthilfe für den Schuldenberg des Konzerns zur Tilgung von kurzfristigen und langfristigen Verbindlichkeiten herangezogen werden. Das geringere Abhängigkeitsverhältnis von Fremdkapitalgebern stellt ebenso einen weiteren Vorteil dar, der den Entscheidungsspielraum der STAHL AG Vorstände erweitert. Außerdem dürften sich alle Verantwortlichen über eine Verbesserung des unternehmerischen Ratings freuen, weil durch eine Erhöhung des Eigenkapitals ebenfalls das Risikokapital gesteigert werden kann.

Vor dem Hintergrund der Corona-Pandemie und der Umstrukturierungsmaßnahmen des Konzerns, sollte die Eigenkapitalquote von 27 % des Planjahres t2 mit Vorsicht betrachtet werden. Extremereignisse, die in jüngster Vergangenheit zur Realität wurden, können für ein Abschmelzen der Eigenkapitalquote auf bis zu 11 % führen. Im Controlling muss wohl mehr denn je auf negative Entwicklungen der Zukunft geachtet werden, um frühzeitig Steuerungsmaßnahmen zur Abwehr von negativen Entwicklungen einleiten zu können. Auf der anderen Seite ist eine Steigerung der Eigenkapitalquote auf 37 % mit den zugrunde liegenden Modellparametern ebenso denkbar. Dieser Erfolg würde sich durch eine schnellere Realisierung bei den Umstrukturierungsmaßnahmen im Konzern und günstigen Rahmenbedingungen einstellen. Im Controlling könnten u. a. Fortschrittsgrade zur Umsetzung der Umstrukturierungsmaßnahmen, Abbauquoten von Personal und Umsatzsteigerungen im Vergleich zum Vorjahr wenige von vielen möglichen Indikatoren sein, die auf eine Steigerung der Eigenkapitalquote in diesem Ausmaß hindeuten könnten. Entwicklungen der Eigenkapitalquote in der Spannweite des 5 %-95 %-Quantils stellen für das Planjahr t2 die realistischste Aussicht dar. Innerhalb dieser Spanne schwankt die Eigenkapitalquote zwischen 24 % und 32 %, die auf eine solide Eigenkapitalstruktur zum Ende des kommenden Geschäftsjahres hindeutet.

Die Eigenkapital- und Fremdkapitalquote kann mittels Microsoft Excel wie folgt modelliert werden.

Bilanzkennzahlen						
Eigenkapitel- und Fremdkapitalquote (Absolute Zahlen in Mio. €)	Plan t1	Plan t2	Plan t3	Plan t4	Plan t5	Plan TV
Eigenkapital (erwartet)	10.226	11.018	10.658	9.702	11.249	11.314
Eigenkapital (geplant)	9.723	9.313	9.128	9.043	9.015	8.900
Risiko	-504	-1.705	-1.530	-659	-2.234	-2.414
Fremdkapital (erwartet)	26.487	26.999	28.109	29.069	29.343	30.087
Fremdkapital (geplant)	26.410	27.169	28.019	28.908	29.487	30.039
Risiko	77	-170	90	161	-144	48
Bilanzsumme (erwartet)	36.714	38.017	38.767	38.772	40.593	41.401
Bilanzsumme (geplant)	36.133	36.481	37.148	37.951	38.502	38.939
Eigenkapitalquote (erwartet)	**28%**	**29%**	**27%**	**25%**	**28%**	**27%**
Eigenkapitalquote (geplant)	**27%**	**26%**	**25%**	**24%**	**23%**	**23%**
Risiko	**1%**	**3%**	**3%**	**1%**	**4%**	**4%**
Durchschnittlicher Erwartungswert Eigenkapitalquote	**29%**	**27%**	**26%**	**25%**	**24%**	**23%**
Fremdkapitalquote (erwartet)	**72%**	**71%**	**73%**	**75%**	**72%**	**73%**
Fremdkapitalquote (geplant)	**73%**	**74%**	**75%**	**76%**	**77%**	**77%**
Risiko	**-1%**	**-3%**	**-3%**	**-1%**	**-4%**	**-4%**
Durchschnittlicher Erwartungswert Fremdkapitalquote	**71%**	**73%**	**74%**	**75%**	**76%**	**77%**
Check Bilanzsumme (erwartet)	OK	OK	OK	OK	OK	OK
Check Bilanzsumme (geplant)	OK	OK	OK	OK	OK	OK

Abbildung 20: Eigenkapital- und Fremdkapitalquote in Microsoft Excel
Quelle: Eigene Darstellung.

5.5.2 Working Capital

5.5.2.1 Beschreibung

Das **Working Capital Management** ist in unsicheren wirtschaftlichen Zeiten von besonderer Bedeutung. Um das **Working Capital** berechnen zu können, werden von den operativen Bestandteilen des Umlaufvermögens die unverzinslichen kurzfristigen Verbindlichkeiten abgezogen. Zum operativen Umlaufvermögen des Konzerns gehören die Positionen „Vorräte“, „Forderungen aus Lieferungen und Leistungen“, „Vertragsvermögenswerte“ und „Sonstige nicht finanzielle Vermögenswerte“. Die unverzinslichen kurzfristigen Verbindlichkeiten werden im Financial Model durch die Positionen „Rückstellungen für kurzfristige Leistungen an Arbeitnehmer“, „Sonstige Rückstellungen“, „Verbindlichkeiten aus Lieferungen und Leistungen“, „Vertragsverbindlichkeiten“ und „Sonstige nicht finanzielle Verbindlichkeiten“ repräsentiert. Die Bilanzposition „Zahlungsmittel und Zahlungsmitteläquivalente“ sind in der WC-Berechnung nicht berücksichtigt worden, weil diese Position aus dem Verkauf des M.C. Technologiegeschäftes im Geschäftsjahr t0 exponentiell anstieg und das Niveau dieser Position für die Planung der kommenden Jahre entsprechend hoch bleibt. Die Abgrenzung von nicht-betriebsnotwendigen Zahlungsmitteln zu dem Ziel-Zahlungsmittelbestand für das operative Geschäft ist nicht möglich.[75] Der STAHL AG Konzern beschreibt das Umlaufvermögen als „Kurzfristige Vermögenswerte“, weshalb in den folgenden Ausführungen dieser Begriff als Synonym für das Umlaufvermögen verwendet wird.

Das Working Capital Management kann auch als Liquiditätsmanagement bezeichnet werden und verfolgt das Ziel, die Durchlaufzeit von gebundenen Mitteln der operativen kurzfristigen Vermögenswerte zu minimieren, um liquide Mittel erhalten zu können.

5.5.2.2 Simulation und Interpretation

Die MCS liefert für das Planjahr t2 das folgende WC-Ergebnis (Abb. 21).

Nach Modellierung der Mean-Funktion weist das Financial Model einen durchschnittlichen **Erwartungswert des Working Capitals** von 3.116 Mio. € aus, das dem Mittelwert des Histogramms aus Abbildung 21 entspricht. Dieses positive Ergebnis führt neben der Stärkung der unternehmerischen Liquiditätsstruktur zu einer positiven Entwicklung

---

[75] Vgl. Ernst; Schneider; Thielen 2018, S. 33.

des Ratings, weil ein positives WC-Ergebnis mit der Fähigkeit einhergeht, kurzfristige Verbindlichkeiten schnell und zuverlässig zurückbezahlen zu können. Jedoch muss der STAHL AG Konzern die richtige Balance beim WC finden, weil ein zu hohes WC-Ergebnis eine zu starke Bindung liquider Mittel zur Folge hat. In diesem Fall würden u. a. zu hohe Vorratsbestände angesammelt werden, die vom Controlling im Rahmen des Jahresabschlusses aufwendig bewertet werden müssten. Aus diesem Grund empfiehlt es sich aus Controllersicht, die Umschlagshäufigkeit der Vorratsbestände regelmäßig zu überprüfen und zu definieren, wann eine Ziel-Umschlagshäufigkeit erreicht wird. Darüber hinaus impliziert das positive WC-Ergebnis von 3.116 Mio. € eine Überdeckung operativer kurzfristiger Vermögenswerte, die langfristig vom Unternehmen im Planjahr t2 finanziert werden müssten.

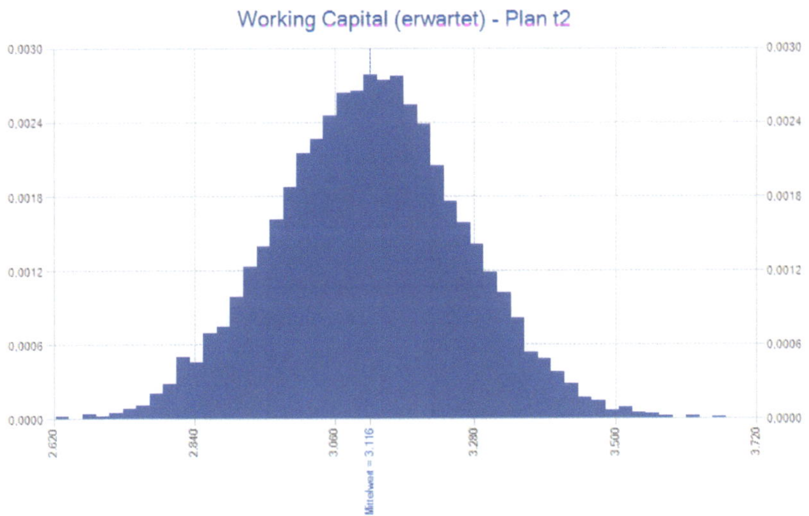

Abbildung 21: Histogramm – Working Capital Planjahr t2
Quelle: Eigene Darstellung.

Zu Beginn des Kapitels 5.5.2.1 wurde das Ziel des WC damit beschrieben, die Durchlaufzeit der operativen kurzfristigen Vermögenswerte zu minimieren und gebundenes Kapital in liquide Mittel umzuwandeln. Aus diesem Grund sollte im Controlling die Debitoren- und Kreditorenlaufzeit überprüft und Verbesserungspotenziale erarbeitet werden. Die **Debitorenlaufzeit** ermittelt die Zeit in Tagen zwischen der Rechnungsstellung und des Zahlungseingangs durch den Kunden, indem die Forderungen aus Lieferungen und Leistungen mit dem Umsatz in

Relation gesetzt und mit 365 Tagen multipliziert werden. Die **Kreditorenlaufzeit** beschreibt den Zeitraum zwischen dem Eingang der Rechnung und der Bezahlung dieser durch die M.C. STAHL AG. Diese Kennzahl wird durch die Relation der Verbindlichkeiten aus Lieferungen und Leistungen zum Materialaufwand und der Multiplikation mit 365 Tagen beschrieben.[76] Aus betriebswirtschaftlicher Sicht macht dies immer dann Sinn, wenn die Debitorenlaufzeit geringer als die Kreditorenlaufzeit ausfällt, weil die M.C. STAHL AG dadurch schneller Geld verdient als sie ausgegeben hat. In dem Tabellenreiter „Annahmen" wurde eine durchschnittliche Debitorenlaufzeit von 53 Tagen und Kreditorenlaufzeit von 58 Tagen für das Planjahr t2 errechnet. Die Kreditorenlaufzeit von 58 Tagen ist mit Vorsicht zu betrachten, weil die Materialaufwendungen nicht eindeutig in der STAHL AG-GuV zu erkennen sind, aufgrund der Anwendung des Umsatzkostenverfahrens. Deshalb wurden die Verbindlichkeiten aus Lieferungen und Leistungen zu den Umsatzkosten ins Verhältnis gesetzt. Die Umsatzkosten, die alle Kosten zur Erzielung des Umsatzes beinhalten, werden nur zu einem gewissen Anteil von Materialaufwendungen abgedeckt. Werden bei gleichbleibenden Verbindlichkeiten aus Lieferungen und Leistungen die Umsatzkosten auf den tatsächlichen Anteil der Materialaufwendungen reduziert, wäre eine längere Kreditorenlaufzeit in Tagen als die durchschnittlichen 58 Tage denkbar. Aus diesem Grund kann die M.C. STAHL AG ihre Rechnungen zwar unter Abzug von Skonto begleichen, weil Geld schneller verdient als ausgegeben wird, jedoch sollten vom Controlling Empfehlungen zur Reduzierung der Debitorenlaufzeit abgegeben werden. Das Controlling kann z. B. die Auswirkung kürzerer Zahlungsziele von Kunden der M.C. STAHL AG auf die Debitorenlaufzeit und damit den Working Capital analysieren.

Alles in allem gibt es viele Möglichkeiten im Working Capital Management, die eigene Liquidität zu verbessern. Insgesamt ist der STAHL AG Konzern durch den Verkauf des M.C. Technologiegeschäftes im Rahmen des WC deutlich besser aufgestellt als noch vor der Transaktion. Das Controlling sollte immer die richtige Balance, unter Berücksichtigung der geringstmöglichen Vorratsbestände und Debitorenlaufzeit, beim WC finden. Auf der einen Seite stellt eine längere Kreditorenlaufzeit eine Verschlechterung des WC-Ergebnisses dar, weil kurzfristige Verbindlichkeiten aus Lieferungen und Leistungen ansteigen können. Jedoch können auf der anderen Seite längere Kreditorenlaufzeiten als unverzinsliche Lieferantenkredite interpretiert werden, die durch das

---

[76] Vgl. Kröber; Jonas 2019, S. 91-96.

Ausbleiben von Zinszahlungen zu einer Verbesserung des Finanzergebnisses der GuV führen können.

Das finale Ergebnis der Working Capital Berechnung kann mithilfe von Microsoft Excel in folgender Struktur abgebildet werden.

Bilanzkennzahlen						
Working Capital (Absolute Zahlen in Mio. €)	Plan t1	Plan t2	Plan t3	Plan t4	Plan t5	Plan TV
Vorräte (erwartet)	5.070	4.936	5.408	5.639	6.346	6.381
Vorräte (geplant)	4.897	5.092	5.398	5.722	6.008	6.248
Risiko	173	-157	10	-83	338	133
+ Forderungen aus Lieferungen und Leistungen (erwartet)	4.250	4.368	4.578	4.942	5.230	5.460
+ Forderungen aus Lieferungen und Leistungen (geplant)	4.240	4.409	4.674	4.954	5.202	5.410
Risiko	11	-41	-95	-12	28	50
+ Vertragsvemögenswerte	1.449	1.362	1.308	1.282	1.256	1.231
+ Sonstige (nicht finanzielle) Vermögenswerte (erwartet)	1.457	1.498	1.570	1.694	1.793	1.872
+ Sonstige (nicht finanzielle) Vermögenswerte (geplant)	1.454	1.512	1.603	1.699	1.784	1.855
Risiko	4	-14	-33	-4	10	17
+ Zur Veräußerung vorgesehene Vermögenswerte	-	-	-	-	-	-
- Rückstellungen für kurzfristige Leistungen an Arbeitnehmer	156	157	157	157	158	158
- Sonstige Rückstellungen	1.206	1.224	1.242	1.261	1.274	1.293
- Verbindlichkeiten aus Lieferungen und Leistungen (erwartet)	3.059	2.978	3.263	3.402	3.829	3.850
- Verbindlichkeiten aus Lieferungen und Leistungen (geplant)	2.954	3.073	3.257	3.452	3.625	3.770
Risiko	104	-94	6	-50	204	80
- Vertragsverbindlichkeiten	3.134	3.197	3.261	3.326	3.393	3.461
- Sonstige nicht finanzielle Verbindlichkeiten	1.607	1.639	1.671	1.705	1.739	1.774
- Verbindlichkeiten in Verbindung mit zur Veräußerung vorgesehenen VW.	-	-	-	-	-	-
Working Capital (erwartet)	3.065	2.970	3.269	3.705	4.234	4.409
Working Capital (geplant)	2.982	3.087	3.393	3.755	4.062	4.289
Risiko	83	-117	-124	-50	172	119
Durchschnittlicher Erwartungswert Working Capital	**2.981**	**3.116**	**3.446**	**3.838**	**4.209**	**4.448**
Check Nettoumlaufvermögen (erwartet)	OK	OK	OK	OK	OK	OK
Check Nettoumlaufvermögen (geplant)	OK	OK	OK	OK	OK	OK

Abbildung 22: Working Capital Berechnung in Microsoft Excel

Im nächsten Kapitel wird die MCS anhand von ausgewählten GuV-Kennzahlen des M.C. STAHL AG Konzerns angewendet.

5.6 GuV-Kennzahlen

Das Potential der MCS soll anhand der GuV-Positionen „Betriebliches Ergebnis", „Ergebnis vor Steuern" und dem „Jahresüberschuss/(-fehlbetrag)" untersucht werden. Das nachfolgende Teilkapitel 5.6.1 fasst die Positionen „Betriebliches Ergebnis" und „Ergebnis vor Steuern" zusammen, um den Überlappungsbereich beider Positionen darstellen zu können. Im darauffolgenden Teilkapitel 5.6.2 wird der „Jahresüberschuss/(-fehlbetrag)" bearbeitet.

5.6.1 Betriebliches Ergebnis und Ergebnis vor Steuern

5.6.1.1 Beschreibung

Die M.C. STAHL AG Gewinn- und Verlustrechnung wird nach dem Umsatzkostenverfahren des § 275 Abs. 3 HGB aufgestellt. Einer der wesentlichsten Unterschiede zum Gesamtkostenverfahren nach § 275 Abs. 2 HGB liegt in der Erfassung der Aufwendungen. Beim Gesamtkostenverfahren werden die Aufwandsarten nach deren entsprechenden Bezeichnungen wie z. B. Material- und Personalaufwand erfasst, wohingegen das Umsatzkostenverfahren die klassischen Aufwandsarten in den Funktionsbereichen wie z. B. den Vertriebskosten erfasst.[77] Aus diesem Grund beschreibt die Tabelle 7, die die GuV-Positionen der Monte-Carlo-Simulation erfasst, keine klassischen Aufwandsarten, sondern die Kosten in den Funktionsbereichen des Konzerns.

Bei dem **betrieblichen Ergebnis und Ergebnis vor Steuern** handelt es sich um Zwischenergebnisse der GuV. Diese Zwischenergebnisse werden wie folgt berechnet:

M.C. STAHL AG - Gewinn- und Verlustrechnung
Umsatzerlöse
- Umsatzkosten
Bruttoergebnis vom Umsatz
- Forschungs- und Entwicklungskosten
- Vertriebskosten
- Allgemeine Verwaltungskosten
+ Sonstige Erträge
- Sonstige Aufwendungen
+/- Sonstige Gewinne und Verluste
Betriebliches Ergebnis (Kapitel 5.6.1)
+ Ergebnis aus nach der Equity-Methode bilanzierten Beteiligungen
+ Finanzierungserträge
- Finanzierungsaufwendungen
Finanzergebnis
Ergebnis vor Steuern (Kapitel 5.6.1)
- Steuern vom Einkommen und vom Ertrag
Ergebnis aus fortgeführten Aktivitäten (nach Steuern)
- Ergebnis aus nicht fortgeführten Aktivitäten (nach Steuern)
Jahresüberschuss/(-fehlbetrag) (Kapitel 5.6.2)

Abbildung 23: Monte Carlo STAHL AG – GuV nach Umsatzkostenverfahren. Quelle: Eigene Darstellung.

---

[77] Vgl. § 275 Abs. 2 und 3 HGB.

Alle Positionen aus Abbildung 23, die zur Berechnung des betrieblichen Ergebnisses herangezogen werden (außer „Sonstige Gewinne und Verluste"), sind mit den Wahrscheinlichkeitsverteilungen des Tabellenreiters „Monte-Carlo-Parameter" direkt verknüpft. Aus diesem Grund stellen alle weiteren Positionen nach Abschluss der MCS Erwartungswerte dar. Im Folgenden werden die Erwartungswerte der Positionen „Betriebliches Ergebnis" und „Ergebnis vor Steuern" des Planjahres t2 simuliert.

5.6.1.2 Simulation und Interpretation

In der folgenden Abbildung 24 wird die Position „Betriebliches Ergebnis" in blau und das „Ergebnis vor Steuern" in dunkelblau visualisiert.

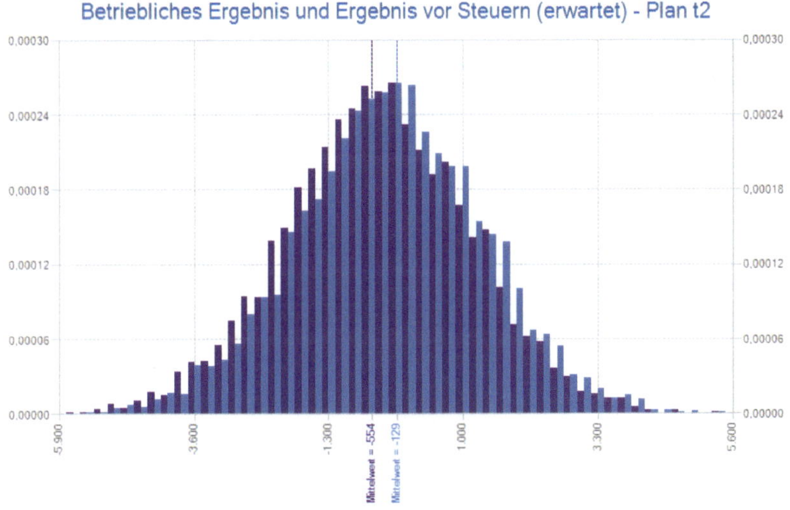

Abbildung 24: Histogramm – Betriebliches Ergebnis und Ergebnis vor Steuern Planjahr t2. Quelle: Eigene Darstellung.

Nachdem die MCS abgeschlossen ist, kann mithilfe der Mean-Funktion der durchschnittliche Erwartungswert des betrieblichen Ergebnisses (−129 Mio. €) und Ergebnisses vor Steuern (−554 Mio. €) berechnet werden. Die beiden Histogramme sind in ihrer Struktur sehr ähnlich, jedoch leicht versetzt angeordnet. Dieses Phänomen lässt sich damit begründen, dass das Ergebnis vor Steuern eine dem betrieblichen Ergebnis nachgelagerte Zwischengröße der GuV darstellt. Mit anderen Worten formuliert, berechnet sich das Ergebnis vor Steuern aus der Differenz der Positionen „Betriebliches Ergebnis" und „Finanzergebnis". Die wesentlichen Positionen des Finanzergebnisses sind die Finanzierungsaufwendungen und -erträge, die in aller Regel ein negatives Finanzergebnis herbeiführen. Dies liegt daran, dass die Entgelte für Schulden betragsmäßig größer als die Finanzierungserträge des M.C. STAHL AG Konzerns ausfallen. Die MCS stellt dieses Ereignis für das Planjahr t2 treffend dar.

Eine weitere Erkenntnis resultiert aus den negativen Erwartungswerten und deren Schwellenwerten zu positiven Ergebnissen. Die Position „Betriebliches Ergebnis" erreicht erstmals bei dem 53,35 %-Quantil mit ca. 0,107 Mio. € ein positives betriebliches Ergebnis. Das Ergebnis vor Steuern liegt im Planjahr t2 bei einem Quantil von 63,94 % mit ca. 0,762 Mio. € im positiven Wertebereich. Das bedeutet, dass zu 53,35 % bzw. 63,94 % aller Fälle, keine positiven Ergebnisse beim betrieblichen Ergebnis bzw. Ergebnis vor Steuern erzielt werden können. Diese Quantile können mit Bezug auf den Wertebereich der Risk Kit Standardstatistiken des Planjahres t2 mit der Microsoft Excel-Formel „QUANTIL.EXKL" berechnet werden. Mithilfe der Zielwertsuche, die über den Pfad *Daten* ➲ *Was-wäre-wenn-Analyse* ➲ *Zielwertsuche* selektiert werden kann, könnte das exakte prozentuale Quantil bestimmt werden, ab dem das betriebliche Ergebnis bzw. Ergebnis vor Steuern den Wert 0 annimmt.

Neben den Quantilen ist die vorliegende Simulation durch eine starke Standardabweichung gekennzeichnet. Die Standardabweichung der Zufallsgrößen „Betriebliches Ergebnis" und „Ergebnis vor Steuern" beschreibt das Streuverhalten um deren Erwartungswerte im Planjahr t2.[78] Die Standardabweichung kann über den Pfad *Formeln* ➲ *Mehr Funktionen* ➲ *Statistik* ➲ *STABW.S* selektiert und berechnet werden, respektive aus den Risk Kit Standardstatistiken des Planjahres t2 abgelesen werden. Das Ergebnis der Standardabweichung weist in beiden Fällen einen Wert von ca. 1.580 Mio. € auf. Diese statistische Kennzahl liefert den wichtigen Hinweis an das Controlling, dass sich die Ergebnisse der Simulation nicht in einem schmalen Korridor um die Erwartungswerte streuen, sondern die Ausprägungen von **Gefahren** und **Chancen** sehr breit angelegt sind. Die Spannweite vom minimalen und maximalen Wert der Simulation, die sich auf ca. 11.050 Mio. € im Fall des betrieblichen Ergebnisses und Ergebnis vor Steuern erstreckt, untermauert die hohe Standardabweichung der MCS. Das Minimum und Maximum der Simulationsergebnisse kann ebenfalls über den Microsoft Excel-Pfad *Formeln* ➲ *Mehr Funktionen* ➲ *Statistik* ➲ *MIN/MAX* selektiert und berechnet werden.

---

[78] Vgl. Strick 2018, S. 3-4.

Nach der Definition von *Gleißner* stellen die im Risikobegriff enthaltenen Chancen positive Abweichungen vom Erwartungswert dar.[79] Die wichtigste Erkenntnis für das Controlling aus dieser Definition bezugnehmend auf Abbildung 24 ist, dass positive Abweichungen vom Erwartungswert nicht immer positive Simulationsergebnisse beinhalten müssen. Positive Abweichungen, also Chancen, können nur weniger negativ ausfallen bzw. das betriebliche Ergebnis und Ergebnis vor Steuern können einen geringeren negativen Betrag als den noch negativeren Erwartungswert annehmen. Auf der anderen Seite muss das Controlling des STAHL AG Konzerns für jedes individuelle Ergebnis der MCS, das einen negativen Erwartungswert vorzuweisen hat, definieren, ob dieser schon als Gefahr und nicht erst die negativen Abweichungen von diesem Erwartungswert den Gefahren zuzuordnen ist.

Ein weiteres Problem der Simulationsergebnisse stellt die **Volatilität** dar, die im Kontext der VUCA-Welt[80] kontinuierlich ansteigt. An dieser Stelle empfiehlt es sich für das Controlling Maßnahmen einzuleiten, die, bis zu einem gewissen Grad, Planungssicherheit bei der Generierung von Umsätzen und der Berechnung von Kosten gewährleisten. Im Hinblick auf die GuV-Position „Umsatzerlöse" wird ein starker Umsatzrückgang zwischen den abgelaufenen Geschäftsjahren t-1 und t0 von 41.996 Mio. € auf 28.899 Mio. € erkennbar. Dieser Umsatzrückgang ist nicht nur auf die Corona-Pandemie, sondern auch auf den Verkauf des M.C. Technologiegeschäftes zurückzuführen. Die Technologie-Transaktion hat eine Reduzierung der Umsatzerlöse von 6,5 Mio. € zur Folge, die im Geschäftsbericht t0 als „Nicht fortgeführte Technologieaktivitäten" gekennzeichnet wird. Durch den Verkauf der Business Unit reduziert sich ebenfalls das Niveau der Umsätze für die kommenden Planjahre und den Terminal Value, die neben den hohen Umsatzkosten den größten Anteil an den ausbleibenden positiven GuV-Ergebnissen haben. Das Controlling sollte am Beispiel der Umsatzerlöse prüfen, inwieweit der Abschluss von Rahmenverträgen oder Termingeschäften mit M.C. STAHL AG Geschäftskunden die Volatilität verringern kann. Neben der Reduzierung der Kostenstruktur sollte das Controlling die Kosten im Allgemeinen zuverlässiger planen können. Am Beispiel von Rohstoffpreisen in einem volatilen Markt empfiehlt es sich, den Abschluss von Termingeschäften im Controlling zu erwägen. Diese Termingeschäfte haben den Vorteil, dass bei Abschluss des Geschäftes die Mengen und Preise fixiert werden. In diesem Fall kann das Controlling

79 Vgl. Gleißner 2017a, S. 25.

80 Vgl. Domke; Granica 2019, S. 9.

die Materialaufwendungen zuverlässiger planen, weil die Einkaufspreise im Vorfeld bekannt sind. Dieses Termingeschäft stellt sich dann als nachteilig heraus, wenn am zukünftigen Tag der Erfüllung der Marktpreis des Rohstoffes unter dem fixierten Einkaufspreis des in der Vergangenheit abgeschlossenen Termingeschäftes liegt.[81] Aus diesem Grund sollte das Controlling die Überlegungen rund um Termingeschäfte mit ausgewiesenen Marktanalysten betreiben.

Eine weitere Möglichkeit zur Verbesserung der GuV-Position „Betriebliches Ergebnis" stellt die Wahl des Verfahrens zur Bewertung von Materialaufwendungen dar, die in die Umsatzkosten miteinfließen. Die nachfolgende Tabelle 8 veranschaulicht die Auswirkungen der **FIFO- und LIFO-Verfahren** mit fiktiven Zahlenbeispielen auf die Umsatzkosten.

FIFO	**LIFO**
1. Einkauf: 10.000 Stück. á 10 €	1. Einkauf: 10.000 Stück á 10 €
2. Einkauf: 15.000 Stück á 14 €	2. Einkauf: 15.000 Stück á 14 €
Verkauf von 8.000 Stück	Verkauf von 8.000 Stück
Umsatzkosten:	Umsatzkosten:
8.000 Stück x 10 € = 80.000 €	8.000 Stück x 14 € = 112.000 €
Vorratsbewertung:	Vorratsbewertung:
2.000 Stück x 10 € + 15.000 Stück x 14 € = 230.000 €	10.000 Stück x 10 € + 7.000 Stück x 14 € = 198.000 €

Tabelle 8: Auswirkungen von FIFO und LIFO auf die Umsatzkosten und Vorräte
Quelle: Eigene Darstellung in Anlehnung an: Coenenberg, A.; Haller, A.; Schultze, W. (2018): Jahresabschluss und Jahresabschlussanalyse: betriebswirtschaftliche, handelsrechtliche, steuerrechtliche und internationale Grundlagen – HGB, IAS/IFRS, US-GAAP, DRS, 25. Aufl., Stuttgart: Schäffer-Poeschel Verlag, S. 228-230.

Zum einen wird durch die Tabelle 8 gezeigt, dass die Einkaufspreise eine enorme Hebelwirkung auf die Umsatzkosten haben können. Zum anderen sollte die Auswahl des Bewertungsverfahrens vom Control-

[81] Vgl. Kesten 2020, S. 129.

ling regelmäßig überprüft werden, weil diese deutlich positivere Beiträge zu den GuV-Kennzahlen leisten können, als zu Beginn angenommen wird. Am Zahlenbeispiel der Tabelle 8 würde das FIFO-Verfahren eine positive Auswirkung von (112 Mio. € – 80 Mio. € =) 32 Mio. € auf das GuV-Ergebnis haben. Auf der anderen Seite würde das FIFO-Verfahren eine deutlich höhere Vorratsbewertung im Vergleich zum LIFO-Verfahren mit sich bringen, die mit einer höheren Kapitalbindung gleichzusetzen ist. Wird das Kriterium Kapitalbindung bevorzugt, sollte das LIFO-Verfahren gewählt werden. Liegt der Fokus des Managements jedoch auf dem WC-Ergebnis, sollte das FIFO-Verfahren gewählt werden, weil die Vorräte um (230 Mio. € – 198 Mio. € =) 32 Mio. € höher als beim LIFO-Verfahren bewertet würden.

Wird das Zahlenbeispiel auf den M.C. STAHL AG Konzern übertragen, wird aus Controllersicht die Auseinandersetzung mit Einkaufspreisen und der Wahl des Bewertungsverfahrens, um positivere GuV-Zwischenergebnisse erzielen zu können, empfohlen. Darüber hinaus wird durch die Simulation und Interpretation der Ergebnisse erkennbar, dass Histogramme Anlass zur Kommunikation sein können und sehr detailliert über verschiedene Bewertungsmethoden diskutiert werden kann. Das bedeutet allerdings nicht, dass ein Controller sämtliche buchhalterische Fähigkeiten beherrschen muss. Vielmehr sollte er in der Lage sein, an den richtigen Stellen Potentiale zu erkennen, um dem Management geeignete Handlungsempfehlungen berichten zu können.

5.6.2 Jahresüberschuss/(-fehlbetrag)

5.6.2.1 Beschreibung

Der „**Jahresüberschuss/(-fehlbetrag)**“ stellt die letzte Position der Gewinn- und Verlustrechnung des M.C. STAHL AG Konzerns dar. Berechnet wird der Periodenerfolg, indem von den Umsatzerlösen die angefallenen Kosten des entsprechenden Geschäftsjahres abgezogen werden. Im Rahmen einer Gesellschafterversammlung wird über die Verwendung des Jahresüberschusses entschieden, indem bspw. ein Periodenerfolg vollends in die Gewinnrücklagen des Konzerns oder ein gewisser Anteil an die Aktionäre in Form einer Dividende ausgeschüttet wird. Mithilfe der MCS wird das Ergebnis des Jahresüberschusses bzw. -fehlbetrages im nächsten Teilkapitel für das Planjahr t2 ermittelt.

5.6.2.2 Simulation und Interpretation

Alle in Teilkapitel 5.6.1.2 genannten Interpretationen und Empfehlungen können auf jene des Jahresüberschusses bzw. -fehlbetrages übertragen werden, weil es sich bei den GuV-Positionen „Betriebliches

Ergebnis“ und „Ergebnis vor Steuern“ um vorgelagerte GuV-Zwischenergebnisse handelt, die in dem Jahresüberschuss bzw. -fehlbetrag berücksichtigt werden. Aus diesem Grund wird das folgende Ergebnis der MCS für das Planjahr t2 im Hinblick auf die Gewinnverwendung interpretiert.

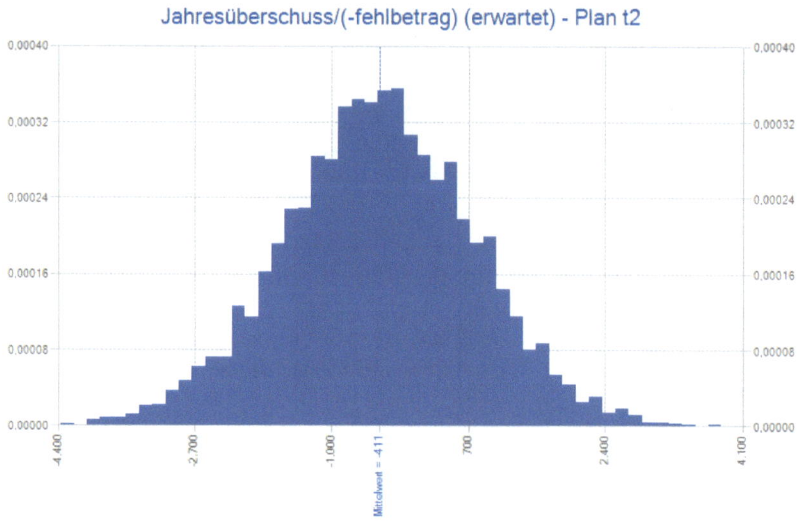

Abbildung 25: Histogramm – Jahresüberschuss/(-fehlbetrag) Planjahr t2
Quelle: Eigene Darstellung.

Der durchschnittliche Erwartungswert der GuV-Position „Jahresüberschuss/(-fehlbetrag)“ beläuft sich in dem Planjahr t2 auf −411 Mio. €. Als Hauptgründe für das negative Ergebnis können das gesunkene Umsatzniveau durch die nichtfortgeführten Aktivitäten des profitablen M.C. Technologiegeschäftes und die Kostenstruktur genannt werden, die auch im Planjahr t2 noch immer für ein negatives Ergebnis verantwortlich sein werden. Mit einem positiven Jahresüberschuss ist erst im Falle einer positiven Abweichung vom durchschnittlichen Erwartungswert (Chance) bei einem Quantil von ca. 64 % zu rechnen. Aufgrund des volatilen Ergebnisses und den negativen vergangenen Geschäftsjahren dürfen seitens des Managements unter keinen Umständen die Gefahren unterschätzt werden. Seitens des Controllings kann nur eine Überführung des Jahresfehlbetrages in die Gewinnrücklagen die logische Konsequenz sein. Im Rahmen der Gesellschafterversammlung könnte ebenfalls der Beschluss gefasst werden eine Ausschüttung an die Aktionäre vorzunehmen, um klar signalisieren zu können, dass durch die Umstrukturierungsmaßnahmen auch der Jahresüberschuss zukünftig wieder positiv ausfallen wird.

5.7 Rentabilitätskennzahlen

Die Rentabilitätskennzahlen folgen immer derselben Rechenlogik und haben einen Wert in Prozent zum Ergebnis. Der Zähler einer Rentabilitätskennzahl beinhaltet die Erfolgsgröße und der Nenner die dazugehörige Basis in Form einer Bezugsgröße. Neben der Rechenlogik können Rentabilitätskennzahlen zum Vergleich mehrerer Unternehmen derselben Branche herangezogen werden. Besonders bei Aktiengesellschaften können außenstehende Stakeholder auf Basis der Jahresabschlussberichte eigenständig Rentabilitätskennzahlen auf Basis von vergangenheitsorientierten Daten berechnen.[82] Die MCS ermöglicht eine risikoadjustierte Bandbreitenplanung dieser Ratios und kann Auskunft über potenzielle Entwicklungen in den zukünftigen Planjahren liefern. Die nachfolgenden Kapitel befassen sich mit der Berechnung der **Umsatzrentabilität** und dem **Return on Capital Employed (ROCE)** für das Planjahr t2.

5.7.1 Umsatzrentabilität

5.7.1.1 Beschreibung

Die **Umsatzrentabilität** kann alternativ auch als **EBIT-Marge** bezeichnet werden, weil die GuV-Position „Betriebliches Ergebnis“ zur Position „Umsatzerlöse“ des M.C. STAHL AG Konzerns ins Verhältnis gesetzt wird. Aufgrund der öffentlich zugänglichen Daten kann die Umsatzrentabilität auf Unternehmen derselben Branche angewandt und so ein Vergleich aus Investorensicht durchgeführt werden. Außerdem sollte darauf geachtet werden, dass das Ergebnis der Umsatzrentabilität nicht kleiner 0 % entspricht, weil in diesem Fall das zu betrachtende Unternehmen die eigenen Kosten nicht decken kann.[83] Zusätzlich sollte der Leser des Jahresabschlusses immer die konkreten Inhalte der Erfolgs- und Bezugsgrößen nachvollziehen, weil durch Bewertungsspielräume die vermeintlich identischen Ratios im Unternehmensvergleich unterschiedliche Ergebnisse aufgrund unterschiedlicher Inhalte aufweisen können.

---

[82] Vgl. Lukas; Rapp 2013, S. 69-70.

[83] Vgl. Wöhe et. al. 2013, S. 58.

5.7.1.2 Simulation und Interpretation

Am Beispiel der M.C. STAHL AG ist in Abbildung 26 eine Simulation der Umsatzrentabilität für das Planjahr t2 dargestellt.

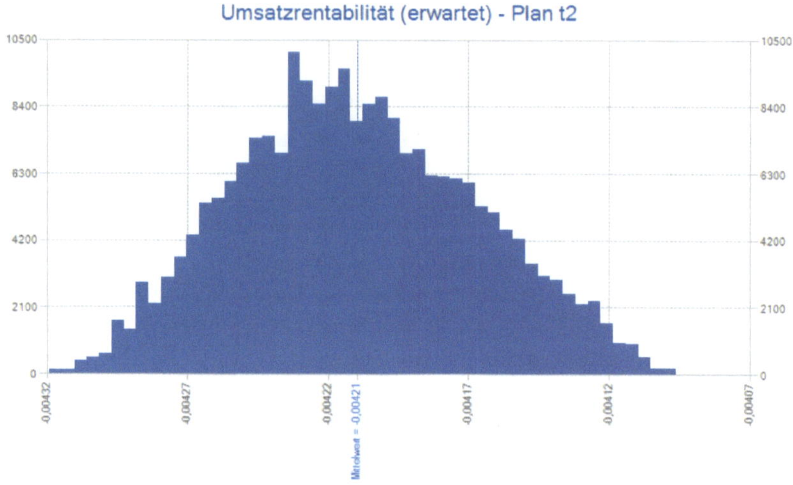

Abbildung 26: Histogramm – Umsatzrentabilität Planjahr t2
Quelle: Eigene Darstellung.

Der durchschnittliche **Erwartungswert der Umsatzrentabilität** im Planjahr t2 liegt in etwa bei −0,4 %. Das Ergebnis der MCS zeigt eine rechtsschiefe Verteilungsfunktion, die durch eine sehr geringe Volatilität gekennzeichnet ist. Das rechtsschiefe Erscheinungsbild entsteht dadurch, dass der Modus bzw. der Wert der Simulation, der am häufigsten gezogen wurde, kleiner als der Erwartungswert der Simulation ausfällt.[84] Obwohl die GuV-Position „Betriebliches Ergebnis“ als äußerst volatil in den Berechnungen der GuV-Kennzahlen klassifiziert wurde, hat sich die Volatilität auf die Umsatzrentabilität nicht ausgewirkt. Das liegt darin begründet, dass für die GuV-Position „Betriebliches Ergebnis“ im Zähler der Umsatzrentabilität der durchschnittliche Erwartungswert des betrieblichen Ergebnisses von −129 Mio. € als fester Wert verwendet wurde. Die GuV-Position „Umsatzerlöse“ im Nenner des Ratios weist eine deutlich geringere Volatilität als die Simulationsergebnisse des betrieblichen Ergebnisses auf, weshalb auch das Ergebnis der Umsatzrentabilität durch eine geringe Volatilität bzw. Standardabweichung gekennzeichnet ist.

---

[84] Vgl. Radke 2006, S. 47.

Eine weitere Auffälligkeit liegt in dem negativen Erwartungswert von ca. −0,4 %. Das Ergebnis der Umsatzrentabilität wird in der MCS immer leicht negativ ausfallen, weil der Erwartungswert des Zählers negativ ist. Mit anderen Worten formuliert beschreibt die negative Umsatzrentabilität von −0,4 %, dass jeder Euro Umsatz einen negativen Beitrag zum betrieblichen Ergebnis von −0,40 € leistet. Die Umsatzrentabilität liefert dem Controller weitere Hinweise dafür, dass die betrieblichen Kosten des Konzerns nicht durch die zu erwartenden Umsatzerlöse im Planjahr t2 gedeckt werden können. Um die Kennzahl der Umsatzrentabilität verbessern zu können, sollte das Controlling die in Kapitel 5.6.1.2 genannten Bewertungsverfahren, die sich in den Umsatzkosten widerspiegeln, überarbeiten. Darüber hinaus können Bewertungsspielräume bei der Berechnung von Abschreibungen, die anteilig auf die ausgewiesenen Funktionen des Umsatzkostenverfahrens verteilt werden, so gewählt werden, dass Abschreibungen tendenziell niedriger als höher angesetzt werden. Bei einem anlagenintensiven Konzern wie der M.C. STAHL AG können die Abschreibungen als Hebel zur Verbesserung von GuV-Kennzahlen und Rentabilitätskennzahlen herangezogen werden.

Das finale Ergebnis der Umsatzrentabilität in Microsoft Excel kann der folgenden Abbildung 27 entnommen werden.

Rentabilitätskennzahlen						
Umsatzrentabilität (Absolute Zahlen in Mio. €)	Plan t1	Plan t2	Plan t3	Plan t4	Plan t5	Plan TV
Betriebliches Ergebnis (erwartet)	-878	100	475	-3.613	906	971
Betriebliches Ergebnis (geplant)	-233	2	196	345	434	451
Risiko	-646	98	279	-3.958	472	519
Durchschnittlicher Erwartungswert Betriebliches Ergebnis	-381	-129	-8	182	281	286
Umsatzerlöse (erwartet)	29.384	30.454	32.967	34.037	35.768	37.442
Umsatzerlöse (geplant)	29.332	30.506	32.336	34.276	35.990	37.430
Risiko	-51	52	-631	239	222	-13
Durchschnittlicher Erwartungswert Umsatzerlöse	29.331	30.600	32.542	34.603	36.551	38.014
Umsatzrentabilität (erwartet)	-1%	0%	0%	1%	1%	1%
Umsatzrentabilität (geplant)	-1%	0%	1%	1%	1%	1%
Risiko	-1%	0%	-1%	0%	0%	0%
Durchschnittlicher Erwartungswert Umsatzrentabilität	-1,300%	-0,421%	-0,024%	0,527%	0,769%	0,753%
Check Betriebliches Ergebnis (erwartet)	OK	OK	OK	OK	OK	OK
Check Betriebliches Ergebnis (geplant)	OK	OK	OK	OK	OK	OK
Check Umsatzerlöse (erwartet)	OK	OK	OK	OK	OK	OK
Check Umsatzerlöse (geplant)	OK	OK	OK	OK	OK	OK

Abbildung 27: Umsatzrentabilität in Microsoft Excel
Quelle: Eigene Darstellung.

5.7.2 Return on Capital Employed

5.7.2.1 Beschreibung

Der **Return on Capital Employed (ROCE)** kann auch als Gesamtkapitalrentabilität bezeichnet werden und stellt bei der M.C. STAHL AG eine wichtige finanzielle Kennzahl dar, die zur Ermittlung der finanziellen Tantieme der Vorstände herangezogen wird. Mit dem ROCE wird die Rentabilität des durchschnittlichen Capital Employed, also dem verzinslichen Kapital in einem Geschäftsjahr ermittelt. Die M.C. STAHL AG berechnet den Return on Capital Employed nach der folgenden Rechenformel:

- ROCE = EBIT : durchschnittliches Capital Employed

Für das EBIT kann die GuV-Position „Betriebliches Ergebnis“ und für das Capital Employed die Position „Durchschnittliches Capital Employed“ herangezogen werden, die im Rahmen der Berechnung des STAHL AG Value Added in Kapitel 5.8 genauer definiert wird.

5.7.2.2 Simulation und Interpretation

Die MCS liefert für das Planjahr t2 folgendes Histogramm für den Return on Capital Employed.

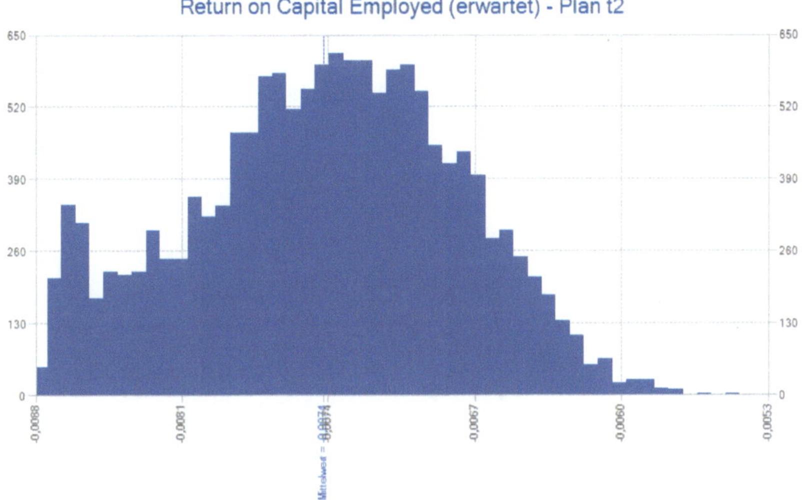

Abbildung 28: Histogramm – Return on Capital Employed Planjahr t2
Quelle: Eigene Darstellung.

Der durchschnittliche **Erwartungswert des ROCE** liegt ähnlich wie der Erwartungswert der Umsatzrentabilität mit −0,7 % im niedrigstelligen negativen Prozentbereich. Weiterhin auffällig ist die Linkslastigkeit, die auf eine tendenziell höhere absolute Häufigkeit der Gefahren als den Chancen zurückzuführen ist. Zur Berechnung des ROCE wurde wie bei der Berechnung der Umsatzrentabilität für das EBIT die GuV-Position „Betriebliches Ergebnis" mit dem fixen Erwartungswert von −129 Mio. € verwendet. Aus diesem Grund kann auch die ROCE-Kennzahl im Planjahr t2 keinen positiven Wert annehmen. In diesem Fall werden die Shareholder keiner finanziellen Tantieme für das Management der M.C. STAHL AG auf Basis des ROCE bei der Hauptversammlung zustimmen. Außer der Tatsache der ausbleibenden variablen Vergütungsanteile weist der ROCE eine höhere Volatilität als die Umsatzrentabilität auf, weil die Position „Durchschnittliches Capital Employed" durch eine höhere Volatilität als die Position „Umsatzerlöse" gekennzeichnet ist. Unter dem Capital Employed kann das eingesetzte verzinsliche Kapital verstanden werden, das im Wesentlichen auf die Aktivseite der Bilanz zurückzuführen ist.

Der Stellhebel für das Controlling zur Verbesserung der ROCE-Kennzahl liegt in der GuV-Position „Betriebliches Ergebnis" begründet. Der Verkauf des profitablen M.C. Technologiegeschäftes bei einem ähnlich hohen Kostenniveau wie noch mit dem Technologiegeschäft, sorgt für deutlich weniger Umsatz und ein negatives betriebliches Ergebnis.

Die ROCE-Kennzahl kann mittels Microsoft Excel gemäß der Abbildung 29 beispielhaft erstellt werden.

Rentabilitätskennzahlen						
Return on Capital Employed (ROCE) (Absolute Zahlen in Mio. €)	Plan t1	Plan t2	Plan t3	Plan t4	Plan t5	Plan TV
Betriebliches Ergebnis (erwartet)	-1.170	-444	212	2.387	2.184	-531
Betriebliches Ergebnis (geplant)	-233	2	196	345	434	451
Risiko	-938	-446	16	2.042	1.750	-983
Durchschnittlicher Erwartungswert Betriebliches Ergebnis	-381	-129	-8	182	281	286
Durchschnittliches Capital Employed gemäß Segmentberichterstattung (erwartet)	16.546	16.664	17.200	19.397	21.081	20.633
Durchschnittliches Capital Employed gemäß Segmentberichterstattung (geplant)	16.276	16.582	17.133	17.803	18.240	18.473
Risiko	-270	-82	-67	-1.594	-2.841	-2.160
Durchschnittlicher Erwartungswert Capital Employed gemäß Segmentberichterstattung	17.687	17.853	18.223	18.194	19.046	21.291
Return on Capital Employed (ROCE) (erwartet)	-2%	-1%	0%	1%	1%	1%
Return on Capital Employed (ROCE) (geplant)	-1%	0%	1%	2%	2%	2%
Risiko	-1%	-1%	-1%	-1%	-1%	-1%
Durchschnittlicher Erwartungswert Return on Capital Employed (ROCE)	-2,234%	-0,742%	-0,043%	0,996%	1,506%	1,513%
Check Betriebliches Ergebnis (erwartet)	OK	OK	OK	OK	OK	OK
Check Betriebliches Ergebnis (geplant)	OK	OK	OK	OK	OK	OK

Abbildung 29: Return on Capital Employed in Microsoft Excel
Quelle: Eigene Darstellung.

5.8 STAHL AG Value Added

5.8.1 Beschreibung

Der **STAHL AG Value Added (StVA)** basiert auf der Logik der herkömmlichen Economic Value Added (EVA) Berechnung und stellt den geschaffenen Wert in einem Berichtsjahr auf Konzernebene dar. Der StVA ist die wichtigste Kernsteuerungsgröße des Konzerns, die Auskunft über den geschaffenen Wertbeitrag liefert. Zudem ist der StVA das Ergebnis aus dem EBIT abzüglich dem Capital Employed, das dem gebundenen Kapital im operativen Geschäft entspricht. Für das EBIT kann die GuV-Position „Betriebliches Ergebnis" herangezogen werden. Der wesentliche Bestandteil des Capital Employed stellt das Anlagevermögen dar, das um definierte nicht-zinstragende Passivpositionen reduziert wird. Zu den nicht-zinstragenden passiven Bilanzpositionen gehören hauptsächlich die „Verbindlichkeiten aus Lieferungen und Leistungen" und bestimmte nicht-zinstragende Rückstellungen. Das Capital Employed unterliegt einem Verzinsungsanspruch der Eigenkapital- und Fremdkapitalgeber und muss aus diesem Grund mit den Weighted Average Cost of Capital (**WACC**), also den durchschnittlichen gewichteten Kapitalkosten, multipliziert werden. Hierbei wurde die Annahme getroffen, dass die durchschnittlichen gewichteten Kapitalkosten in allen Planjahren und dem Terminal Value 8 % entsprechen, weil die WACC auf Konzernebene in den letzten fünf Jahren ebenfalls 8 % entsprachen. Zusammenfassend kann der StVA mit folgender Formel ermittelt werden:

- StVA = Betriebliches Ergebnis – (Capital Employed × WACC)

5.8.2 Simulation und Interpretation

Mithilfe der MCS kann für das Planjahr t2 das folgende STAHL AG Value Added errechnet werden:

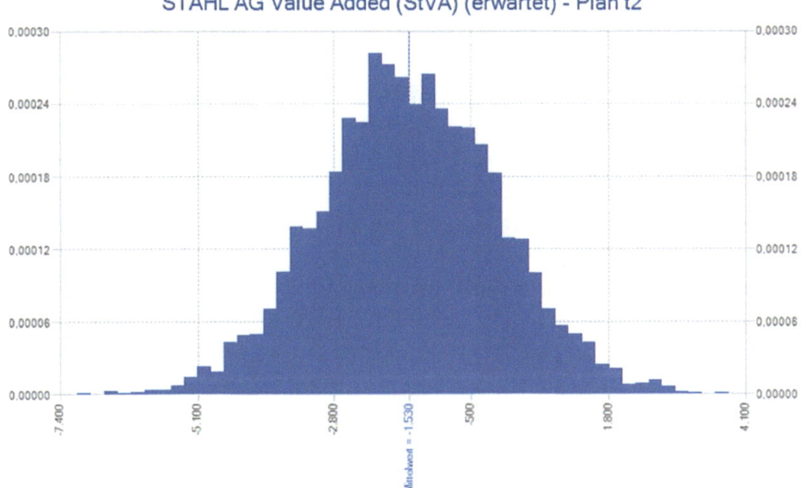

Abbildung 30: Histogramm – STAHL AG Value Added (StVA) Planjahr t2
Quelle: Eigene Darstellung.

Die aggregierten Eingabewerte, die auf den Wahrscheinlichkeitsverteilungen basieren, führen zu einem durchschnittlichen Erwartungswert des STAHL AG Value Added von −1.530 Mio. € im Planjahr t2. Nach der Definition der Kennzahl wird kein Wert geschaffen, sondern Wert verbrannt. Jedoch muss das Ergebnis kritisch betrachtet werden, weil der Konzern durch den Verkauf des M.C. Technologiegeschäftes mit Ablauf des Geschäftsjahres t0 einen deutlich positiven StVA ausgewiesen hat. Das liegt daran, dass der M.C. STAHL AG Konzern einen bereinigten EBIT-Wert zur Berechnung des StVA heranzieht. Das bereinigte EBIT beinhaltet neben dem tatsächlichen EBIT weitere nicht operative Sondereffekte, die sich positiv auf die StVA-Kennzahlen auswirken. Die Sondereffekte resultieren aus vielen einzelnen Bestandteilen, die u. a. Veräußerungsgewinne und -verluste bewerten. Zur Berechnung des StVA wurde das Betriebliche Ergebnis der M.C. STAHL AG GuV herangezogen, weil die Sondereffekte wenig transparent berichtet werden und somit die einzelnen Bestandteile nicht eindeutig nachvollzogen und geplant werden können. Ein weiterer Bestandteil der Sondereffekte stellen bewertete Restrukturierungsaufwendungen dar, die ebenso negative Auswirkungen auf das bereinigte EBIT-Ergebnis und somit den StVA haben können. Aus diesem Grund wird mit der Interpretation des Ergebnisses aus Abbildung 30 fortgefahren, das auf der Berechnung des betrieblichen Ergebnisses der GuV basiert.

Die Abbildung 30 zeigt ein leicht rechtsschiefes Histogramm, weil der Modus betragsmäßig kleiner als der durchschnittliche Erwartungswert des StVA im Planjahr t2 ausfällt. Der Modus stellt das Ergebnis der MCS dar, das am häufigsten vorkommt.[85] Normalerweise kann der Modus mit der Microsoft Excel-Formel „MODUS.EINF" über den Pfad *Formeln* ➲ *Mehr Funktionen* ➲ *Statistik* ➲ *MODUS.EINF* selektiert und berechnet werden. Am Beispiel der MCS kann diese Formel jedoch nicht angewendet werden, weil die Ergebnisse aus den Ziehungen in einzelnen Fällen bis zu acht Nachkommastellen haben können und somit kein eindeutiger Modus mit dieser Formel ermittelt werden kann. In diesem Fall lässt sich der Modus nur annäherungsweise bestimmen, indem der mittlere Wert des durchschnittlichen Erwartungswertes (−1.530 Mio. €) und 20 %-Quantils (−2.800 Mio. €) auf etwa −2.100 Mio. € geschätzt wird. Mit anderen Worten beschrieben ist das häufigste Ergebnis der MCS den Gefahren und nicht den Chancen zuzuordnen. Eine weitere interessante Erkenntnis des Histogramms stellt das Quantil dar, das den Schwellenwert zu einem positiven StVA darstellt. Dieses Quantil liegt in etwa bei 84,9 % (0,206 Mio. € StVA-Ergebnis) und kann mithilfe der Microsoft Excel-Formel „QUANTIL.EXKL", mit Bezug zu den Risk Kit Standardstatistiken des Planjahres t2, berechnet werden. Die Erkenntnis für das Controlling aus dieser Berechnung ist, dass ca. 84,9 % aller Ergebnisse der MCS negativ ausfallen und in ca. 84,9 % aller Fälle Wert verbrannt statt geschaffen wird. Aus diesem Grund ergeben sich für das Controlling die folgenden Herausforderungen.

Für das Controlling ergeben sich für den StVA drei wesentliche Stellhebel, die sich aus der Berechnungsformel ableiten lassen:

- Betriebliches Ergebnis (EBIT)
- Capital Employed
- WACC

Damit bei allen nachfolgenden Planjahren ein höheres StVA-Ergebnis realisiert werden kann, sollten Maßnahmen zur Steigerung des EBIT-Ergebnisses ergriffen werden. Auf der einen Seite können alle Aktivitäten umgesetzt werden, die zur Reduzierung der Kosten in der GuV führen. Als wesentlicher Kostentreiber können die Umsatzkosten ausgemacht werden, die einen Anteil von ca. 82 % der Umsatzerlöse in allen Planjahren besitzen. Diese Kosten können dann verringert werden, wenn die Aufwände, die zur Erzielung des Umsatzes benötigt werden, reduziert werden. Das Controlling kann dafür neue Märkte oder Kun-

[85] Vgl. Radke 2006, S. 47.

densegmente analysieren, indem u. a. die Zeit zwischen der Generierung eines Neukunden und der Realisation eines Umsatzes, unter Berücksichtigung des Umsatzvolumens, gemessen wird. Eine Verschiebung hin zu Neukunden oder neuen Märkten, die eine hohe Nachfrage haben, kann zur Reduzierung der Umsatzkosten beitragen. Auf der anderen Seite können Kostenschwankungen von Produktionsrohstoffen im Controlling analysiert werden, um kostenintensive Wiederbeschaffungszeiträume umgehen zu können.

Darüber hinaus sollte das Controlling regelmäßig Aktivierungswahlrechte überprüfen. Am Beispiel der GuV-Position „Forschungs- und Entwicklungskosten" (F&E) würde eine Aktivierung von immateriellen Vermögenswerten in der Bilanz zu einer Reduzierung der Kosten führen. Grund hierfür ist, dass die Aktivierung eines immateriellen Vermögenswertes zu gleichbleibenden Abschreibungsbeträgen über die Nutzungsdauer führt. Wird ein immaterieller Vermögenswert nicht aktiviert, werden die Forschungskosten voll aufwandswirksam verbucht. Die Grundlage dieser Entscheidung liefert der IAS 38.54 und IAS 38.57, der zwischen Forschungskosten (aufwandswirksam) und Entwicklungskosten (sind zu aktivieren) differenziert.[86]

Am Beispiel des Capital Employed sollten bei den Verantwortlichen des M.C. STAHL AG Konzerns die Überlegungen durchgeführt werden, ob das eingesetzte Kapital zum maximalen Nutzen führt. Im Bereich des WACC können die Business Partner des Controllings mit ihren Kapitalgebern in die Diskussion gehen, um deren Verzinsungsansprüche, aufgrund der zuletzt stark verbesserten Bilanz- und Finanzierungsstruktur, zu reduzieren.

Die Modellierung der STAHL AG Value Added Kennzahl wurde in der folgenden Abbildung 31 veranschaulicht.

---

[86] Vgl. IAS 38.54; IAS 38.57.

STAHL AG Value Added (StVA)

(Absolute Zahlen in Mio. €)	Plan t1	Plan t2	Plan t3	Plan t4	Plan t5	Plan TV
Betriebliches Ergebnis (erwartet)	-2.736	3.944	693	2.309	-1.384	212
Betriebliches Ergebnis (geplant)	-233	2	196	345	434	451
Risiko	-2.503	3.942	497	1.964	-1.818	-239
Kapitalkostensatz	8%	8%	8%	8%	8%	8%
Summe Vermögenswerte (Aktiva) (erwartet)	35.536	38.178	39.755	41.793	41.459	41.653
Summe Vermögenswerte (Aktiva) (geplant)	36.133	36.481	37.148	37.951	38.502	38.939
Risiko	-597	1.697	2.608	3.842	2.957	2.714
- Aktive latente Steuern	497	497	497	497	497	497
- Laufende Ertragssteueransprüche	219	219	219	219	219	219
- Zahlungsmittel und Zahlungsmitteläquivalente	11.316	11.090	10.868	10.651	10.438	10.333
- Anpassungen von Aktiva um darin enthaltene, nicht operative Bestandteile	1.526	1.548	1.572	1.595	1.619	1.643
Passivische Abzugsposten im Capital Employed:						
- Rückstellungen für sonstige langfristige Leistungen an Arbeitnehmer	289	289	289	289	292	295
- Langfristige sonstige Rückstellungen	517	528	538	549	560	571
- Langfristige sonstige nicht finanzielle Verbindlichkeiten	6	6	6	6	6	6
- Rückstellungen für kurzfristige Leistungen an Arbeitnehmer	156	157	157	157	158	158
- Kurzfristige sonstige Rückstellungen	1.206	1.224	1.242	1.261	1.274	1.293
- Verbindlichkeiten aus Lieferungen und Leistungen (erwartet)	3.251	2.543	3.149	3.115	3.796	3.715
- Verbindlichkeiten aus Lieferungen und Leistungen (geplant)	2.954	3.073	3.257	3.452	3.625	3.770
Risiko	297	-530	-107	-337	172	-55
- Kurzfristige sonstige finanzielle Verbindlichkeiten	668	672	675	678	682	685
- Vertragsverbindlichkeiten	3.134	3.197	3.261	3.326	3.393	3.461
- Kurzfristige sonstige nicht finanzielle Verbindlichkeiten	1.607	1.639	1.671	1.705	1.739	1.774
+ Anpassungen von Passiva um darin enthaltene, nicht operative Bestandteile	458	458	458	458	458	458
Stichtags-Capital Employed (erwartet)	11.601	15.028	16.068	18.202	17.244	17.461
Stichtags-Capital Employed (geplant)	12.495	12.802	13.353	14.023	14.459	14.692
Risiko	-894	2.227	2.715	4.179	2.785	2.769
+ Effekt aus der Anpassung von Durchschnitts- auf Stichtags-Capital Employed	1.604	1.604	1.604	1.604	1.604	1.604
Durchschnittliches Capital Employed (erwartet)	13.205	16.632	17.672	19.805	18.848	19.064
Durchschnittliches Capital Employed (geplant)	14.099	14.405	14.956	15.626	16.063	16.296
Risiko	-894	2.227	2.715	4.179	2.785	2.769
+ Korrekturfaktoren mit erhöhender Wirkung auf Leistungsanforderungen für einen positiven Wertbeitrag	2.177	2.177	2.177	2.177	2.177	2.177
Durchschnittliches Capital Employed (korrigiert) (erwartet)	15.382	18.809	19.849	21.982	21.025	21.241
Durchschnittliches Capital Employed (korrigiert) (geplant)	16.276	16.582	17.133	17.803	18.240	18.473
Risiko	-894	2.227	2.715	4.179	2.785	2.769
STAHL AG Value Added (StVA) (erwartet)	-3.966	2.439	-895	551	-3.066	-1.487
STAHL AG Value Added (StVA) (geplant)	-1.535	-1.325	-1.175	-1.079	-1.025	-1.026
Risiko	-2.431	3.764	279	1.630	-2.041	-461
= Durchschnittlicher Erwartungwert STAHL AG Value Added (StVA)	-1.743	-1.530	-1.378	-1.313	-1.210	-1.284

Capital Employed

Abbildung 31: STAHL AG Value Added (StVA) in Microsoft Excel
Quelle: Eigene Darstellung.

5.9 Cashflows

In diesem Kapitel werden zwei Cashflow-Arten des M.C. STAHL AG Konzerns mittels der MCS berechnet und interpretiert. Die Cashflow-Berechnungen wurden nicht nach der direkten Methode, sondern nach der indirekten Methode ermittelt. Die **direkte Methode** erfasst die realen Zahlungsströme. Die **indirekte Methode** erfasst die Cashflows durch Veränderungen der Bilanz- und GuV-Positionen, indem der Wert einer spezifischen Position des Vorjahres vom Wert des nachfolgenden Jahres abgezogen wird. Der wesentliche Vorteil der Cashflow-Berechnung liegt darin, dass der Cashflow keine Bestands-, sondern eine Flussgröße darstellt, der im Gegensatz zu den Bestandsgrößen, die Bewertungsspielräume bieten, weniger manipulativ ist. Aus diesem Grund wurden in den nachfolgenden Kapiteln die beiden Cashflow-

Arten „**Cashflow aus der laufenden Geschäftstätigkeit**" und der „**Netto Cashflow**" modelliert und simuliert. Der Cashflow aus Investitionstätigkeiten und der Cashflow aus Finanzierungstätigkeiten sind Zwischenergebnisse des Netto Cashflows, die modelliert jedoch nicht einzeln simuliert werden, weil der Netto Cashflow diese Cashflows und deren Risiken bei der Risikoaggregation berücksichtigt.[87] Das Gliederungsschema der Cashflow-Ermittlung wird in der folgenden Abbildung 32 dargestellt.

Cashflows
M.C. STAHL AG - Cashflows
Betriebliches Ergebnis
+ Abschreibungen und Wertminderungen langfristiger Vermögenswerte
+ Veränderung langfristige sonstige Rückstellungen
+ Veränderung kurzfristige sonstige Rückstellungen
- Veränderung Vorräte
- Veränderung Forderungen aus Lieferungen und Leistungen
- Veränderung Vertragsvermögenswerte
- Veränderung sonstige finanzielle Vermögenswerte
- Veränderung sonstige nicht finanzielle Vermögenswerte (geplant)
- Veränderung zur Veräußerung vorgesehene Vermögenswerte
+ Veränderung sonstige (langfristige) nicht finanzielle Verbindlichkeiten
+ Veränderung Rückstellungen für kurzfristige Leistungen an Arbeitnehmer
+ Veränderung Verbindlichkeiten aus Lieferungen und Leistungen (geplant)
+ Veränderung Vertragsverbindlichkeiten
+ Veränderung sonstige (kurzfristige) nicht finanzielle Verbindlichkeiten
+ Veränderung Verbindlichkeiten in Verbindung mit zur Veräußerung vorgesehenen Vermögenswerten
- Steuern vom Einkommen und Ertrag (geplant)
- Veränderung der aktiven latenten Steuern
- Veränderung laufende Ertragsteueransprüche
+ Veränderung der passiven latenten Steuern
+ Veränderung der laufenden Ertragssteuerverbindlichkeiten
(1) Cashflow aus der laufenden Geschäftstätigkeit Kapitel 5.9.1
(2) Cashflow aus der Investitionstätigkeit
- Ausschüttung (Dividende)
+ Veränderung Gezeichnetes Kapital
+ Veränderung Kapitalrücklage
+ Veränderung Kumuliertes sonstiges Ergebnis
+ Veränderung nicht beherrschende Anteile
+ Veränderung Rückstellungen für Pensionen und ähnliche Verpflichtungen
+ Veränderung Rückstellungen für sonstige langfristige Leistungen an Arbeitnehmer
+ Veränderung (langfristige) Finanzschulden

[87] Vgl. Ernst; Häcker 2016b, S. 423-425.

+ Veränderung sonstige (langfristige) finanzielle Verbindlichkeiten
+ Veränderung Finanzierungslücke
+ Veränderung (kurzfristige) Finanzschulden
+ Veränderung sonstige (kurzfristige) finanzielle Verbindlichkeiten
+ Ergebnis aus nach der Equity-Methode bilanzierten Beteiligungen
+ Finanzierungserträge
- Finanzierungsaufwendungen
(3) Cashflow aus Finanzierungstätigkeit
(1) + (2) + (3) = Netto Cashflow Kapitel 5.9.2

Abbildung 32: M.C. STAHL AG – Struktur der Cashflows
Quelle: Eigene Darstellung.

5.9.1 Cashflow aus der laufenden Geschäftstätigkeit

5.9.1.1 Beschreibung

Der **Cashflow aus der laufenden Geschäftstätigkeit** befasst sich mit der betrieblichen Finanzierungskraft des M.C. STAHL AG Konzerns. Darunter fallen alle Aktivitäten, die dem eigentlichen Unternehmenszweck des Konzerns zurechenbar sind. Nach der Ermittlung dieses Cashflows soll es möglich sein, eine Beurteilung treffen zu können, ob das Geschäftsmodell des Konzerns in der Lage ist, genügend finanzielle Mittel zu erwirtschaften. In die Berechnung des Cashflows aus der laufenden Geschäftstätigkeit fließen im Wesentlichen die Positionen „Betriebliches Ergebnis", „Kurzfristige Vermögenswerte", „Kurzfristige Verbindlichkeiten" und „Langfristige Verbindlichkeiten" ein. Im nachfolgenden Kapitel werden die Ergebnisse der MCS für das Planjahr t2 simuliert und interpretiert.

5.9.1.2 Simulation und Interpretation

Die MCS hat die Risiken des Planjahres t2 aggregiert und das folgende Histogramm berechnet.

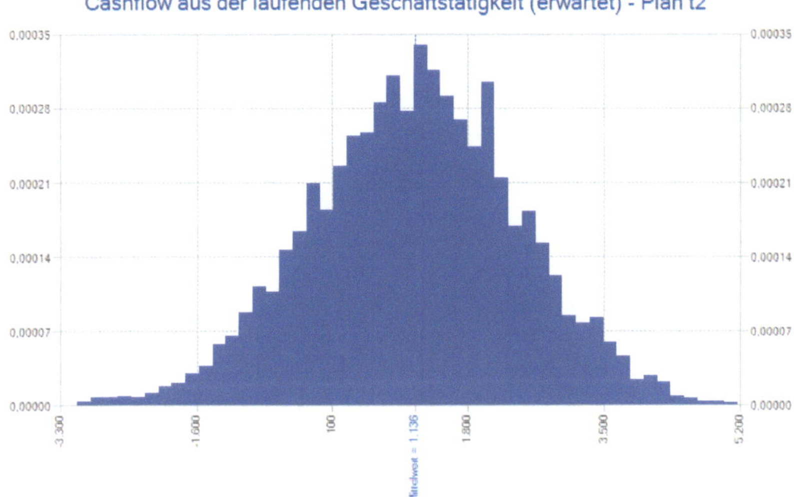

Abbildung 33: Histogramm – Cashflow aus der laufenden Geschäftstätigkeit Planjahr t2
Quelle: Eigene Darstellung.

Der **Cashflow aus der laufenden Geschäftstätigkeit** ergibt für das Planjahr t2 einen durchschnittlichen Erwartungswert von 1.136 Mio. €, der über die Mean-Funktion des Excel-Add-Ins Risk Kit berechnet werden kann. Mit einem Wert von 4.316 Mio. € im 5 %-95 %-Quantil lassen sich ebenfalls für die Cashflow-Berechnungen volatile Ergebnisse bestimmen. Die Volatilität ist u. a. der GuV-Position „Betriebliches Ergebnis" geschuldet, die den Ausgangspunkt der Cashflow-Berechnung darstellt. Das betriebliche Ergebnis ist ein Zwischenergebnis der GuV, das durch den Abzug der Kosten von den Umsatzerlösen ermittelt wird. Im Teilkapitel 5.6.1.2 wurde die enorme Volatilität der Umsatzerlöse und Umsatzkosten bereits herausgearbeitet, die in die Cashflow-Berechnung über die GuV-Position „Betriebliches Ergebnis" übertragen wurde. In dem vorliegenden Simulationsergebnis ist besonders das 20 %-Quantil hervorzuheben, das den Schwellenwert zu einem positiven **Cashflow aus der laufenden Geschäftstätigkeit** darstellt. Das führt im Controlling zur Erkenntnis, dass in 80 % aller Fälle ein positiver Cashflow aus laufender Geschäftstätigkeit für das Planjahr t2 erwirtschaftet werden kann. Aus diesem Grund kann der positive durchschnittliche Erwartungswert der Simulation vom Controlling als eine gesicherte Größe angesehen werden. Darüber hinaus kann das Histogramm als symmetrisch bezeichnet werden, weil die Risk Kit Standardstatistiken eine Schiefe von 0 für das Planjahr t2 berechnet hat. Eine weitere Auffälligkeit stellt der Ausreißer auf einer Höhe von etwa 2.000 Mio. € auf der x-Achse dar, der ebenfalls durch eine hohe absolute Häufigkeit gekennzeichnet ist. In diesem Szenario haben sich die Chancen nochmals deutlich besser entwickelt als in dem Szenario des Erwartungswertes.

Im Rahmen der Cashflow-Berechnung wird die Ausgangsgröße „Betriebliches Ergebnis" immer um bestimmte Bilanz- und GuV-Positionen korrigiert. Der besondere Fokus im Controlling liegt bei dieser Tätigkeit auf den nicht zahlungswirksamen Aufwendungen und Erträgen. Am Beispiel der M.C. STAHL AG spielen die nicht zahlungswirksamen Aufwendungen in Form von Abschreibungen eine besondere Rolle, die den größten Anteil am positiven Cashflow aus der laufenden Geschäftstätigkeit und einen weiteren großen Anteil am Jahresfehlbetrag haben. Besonders durch die Bilanzposition Sachanlagen, die einen Wert von 6.183 Mio. € im Planjahr t2 aufweist, wird die M.C. STAHL AG als anlagenintensiver Konzern mit vielen Maschinen, Industrierobotern oder Fertigungsstraßen identifiziert, die durch hohe Abschreibungen gekennzeichnet sind.

Neben den nicht zahlungswirksamen Aufwendungen und Erträgen werden die Bilanzpositionen korrigiert, die in dem Cashflow aus der laufenden Geschäftstätigkeit berücksichtigt werden. Wenn es sich bei der Bilanzposition um ein Aktivkonto wie z. B. „Forderungen aus Lieferungen und Leistungen" handelt, bedeutet eine positive Veränderung im Vergleich zum Vorjahr, dass Finanzmittel aufgewendet werden müssen. Mit anderen Worten formuliert bedeutet eine Zunahme der Forderungen aus Lieferungen und Leistungen im Vergleich zum Vorjahr, dass die Kunden der M.C. STAHL AG für erhaltene Leistungen noch nicht bezahlt haben bzw. noch keine Einzahlung verzeichnet werden konnte. Im Falle einer Abnahme der Bilanzposition „Forderungen aus Lieferungen und Leistungen" wurden Kundenzahlungen ausgelöst und Einzahlungen im Konzern verbucht. Handelt es sich bei der zu korrigierenden Bilanzposition um ein Passivkonto, ist eine positive Veränderung als Zunahme und eine negative Veränderung als Abnahme liquider Mittel zu interpretieren.[88]

Am Beispiel der M.C. STAHL AG und dem Cashflow aus der laufenden Geschäftstätigkeit spielen die nicht zahlungswirksamen Aufwendungen eine übergeordnete Rolle, weil die Abschreibungen maßgeblich für den positiven Cashflow zuständig sind. Auf der anderen Seite fließen die Abschreibungen voll in das GuV-Ergebnis des Konzerns ein, die zu

---

[88] Vgl. Bleiber 2018, S. 30+38.

einem Jahresfehlbetrag führen. Im Controlling sollte bei der Beurteilung des Jahresüberschusses bzw. -fehlbetrags regelmäßig die Cashflow-Berechnung herangezogen werden, um eine klare Grenze zwischen Aufwendungen und Erträgen sowie Auszahlungen und Einzahlungen ziehen zu können. Die Cashflow-Berechnung trägt zu einer vollständigen Betrachtung des M.C. STAHL AG Konzerns bei.

5.9.2 Netto Cashflow

5.9.2.1 Beschreibung

Der **Netto Cashflow** kann in einem Unternehmen auch als eine Veränderung des Finanzmittelfonds in einer Periode bezeichnet werden. Dieser Finanzmittelfond entspricht den ausgewiesenen liquiden Mitteln in der Bilanz.[89] Am Beispiel des M.C. STAHL AG Konzerns handelt es sich bei der Veränderung des Finanzmittelfonds um die Veränderung der Positionen „Zahlungsmittel und Zahlungsmitteläquivalente" und „Überschussliquidität", die als Position zum Ausgleich der Bilanz Aktiva und Passiva dient. Eine weitere Möglichkeit zur Berechnung des Netto Cashflows besteht in der Addition der Positionen „Cashflow aus der laufenden Geschäftstätigkeit", „Cashflow aus der Investitionstätigkeit" und dem „Cashflow aus Finanzierungstätigkeit". Die drei Cashflow-Arten beinhalten alle Veränderungsrechnungen der Bilanzpositionen (außer den Positionen „Zahlungsmittel und Zahlungsmitteläquivalente" und „Überschussliquidität") und die für die Cashflow-Berechnung relevanten GuV-Positionen in der entsprechenden Periode. In diesem Buch wurde die zweitgenannte Möglichkeit zur Berechnung des Netto Cashflows modelliert und die Erkenntnis gewonnen, dass der „Netto Cashflow (erwartet)" der „Veränderung (erwartet)" entspricht, die die Veränderung der liquiden Mittel in einem Planjahr des Konzerns beschreibt. Diese Tatsache wird durch eine Check-Funktion in der nachfolgenden Abbildung 34 bestätigt.[90]

[89] Vgl. Eiselt; Müller 2014, S. 152-153.

[90] Vgl. Ernst; Häcker 2016b, S. 423-425.

(Absolute Zahlen in Mio. €)	Plan t1	Plan t2	Plan t3	Plan t4	Plan t5	Plan TV
Netto Cashflow (erwartet)	**2.061**	-2.236	**733**	**2.295**	-71	**349**
Netto Cashflow (geplant)	**1.360**	**79**	**127**	**195**	**23**	**8**
Risiko	**701**	-2.315	**606**	**2.100**	-94	**341**
Durchschnittlicher Erwartungswert Netto Cashflow	**2.220**	**112**	**41**	**85**	-78	**37**
Liquide Mittel 01.01 (erwartet)	11.547	13.608	11.372	12.106	14.401	14.330
Liquide Mittel 31.12 (erwartet)	13.608	11.372	12.106	14.401	14.330	14.679
Liquide Mittel 01.01 (geplant)	11.547	12.907	12.986	13.113	13.309	13.332
Liquide Mittel 31.12 (geplant)	12.907	12.986	13.113	13.309	13.332	13.340
Risiko Liquide Mittel 01.01	0	701	-1.614	-1.008	1.092	998
Risiko Liquide Mittel 31.12	701	-1.614	-1.008	1.092	998	1.339
Veränderung (erwartet)	**2.061**	-2.236	**733**	**2.295**	-71	**349**
Veränderung (geplant)	**1.360**	**79**	**127**	**195**	**23**	**8**
Risiko	**701**	-2.315	**606**	**2.100**	-94	**341**
Check (erwartet)	OK	OK	OK	OK	OK	OK
Check (geplant)	OK	OK	OK	OK	OK	OK

Abbildung 34: Abgleich von Netto Cashflow und liquiden Mitteln im Financial Model. Quelle: Eigene Darstellung in Anlehnung an: Ernst, D.; Häcker, J. (Hrsg.) (2016b): Grundlagen, in: Ernst, D.; Häcker, J. (Hrsg.) (2016b): Financial Modeling, 2. Aufl., Stuttgart: Schäffer-Poeschel Verlag, S. 423-425.

5.9.2.2 Simulation und Interpretation

Nachdem die Zeile „Netto Cashflow (erwartet)" als Ausgabewert definiert wurde, kann die MCS gestartet und folgendes Ergebnis simuliert werden.

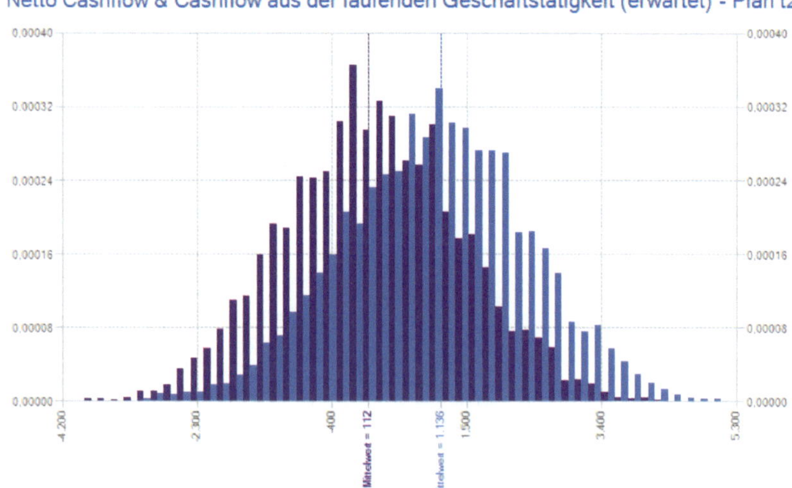

Abbildung 35: Histogramm – Netto Cashflow & Cashflow aus der laufenden Geschäftstätigkeit Planjahr t2. Quelle: Eigene Darstellung.

In Abbildung 35 wurden die Simulationsergebnisse des Netto Cashflows und Cashflows aus der laufenden Geschäftstätigkeit für das Planjahr t2 zusammengefasst, um den Überschneidungsbereich der beiden Histogramme visualisieren zu können und um Rückschlüsse auf die Cashflows aus Investitionstätigkeiten bzw. Finanzierungstätigkeiten ziehen zu können. Der **Netto Cashflow** ist in dunkelblau und der **Cashflow aus der laufenden Geschäftstätigkeit** in blau dargestellt.

Mit einem durchschnittlichen Erwartungswert von 112 Mio. € hat die M.C. STAHL AG gute Voraussetzungen, um im Planjahr t2 einen positiven Netto Cashflow erzielen zu können. Auch am Beispiel des Netto Cashflows wurde der durchschnittliche Erwartungswert mit der Mean-Funktion berechnet und ausgewiesen. Im Vergleich zum Histogramm des Cashflows aus der laufenden Geschäftstätigkeit ist das Histogramm des Netto Cashflows etwas weiter nach links verschoben bzw. der durchschnittliche Erwartungswert um (1.136 Mio. € – 112 Mio. € =) 1.024 Mio. € geringer. Aus diesem Grund dürfte sich im Controlling die Erkenntnis breit machen, dass der Cashflow aus Investitionstätigkeiten bzw. Finanzierungstätigkeiten in Summe den Netto Cashflow um 1.024 Mio. € reduziert, weil die drei Cashflow-Arten in Summe den Netto Cashflow ergeben. Neben den verschobenen Grafiken sind jedoch die Formen der Verteilungsfunktion augenscheinlich identisch. Mit einer Spannweite von 4.165 Mio. € zwischen dem 5 %-95 %-Quantil liefert das Histogramm des Netto Cashflows eine ähnliche Volatilität wie die des Cashflows aus der laufenden Geschäftstätigkeit (4.316 Mio. €). Außerdem ist für das Planjahr t2 in 50 % aller Fälle mit einem positiven Netto Cashflow zu rechnen, weil das 50 %-Quantil den Schwellenwert zu positiven Ergebnissen in der Simulation darstellt.

Mit einem positiven Erwartungswert des Netto Cashflows von 112 Mio. € ergibt sich für das Controlling die Erkenntnis, dass das Geschäftsmodell des Konzerns eine positive Innenfinanzierung erwirtschaften kann. Darüber hinaus zeigt das Ergebnis, dass der Konzern in Bezug auf die Gewinn- und Verlustrechnung nicht profitabel und liquide zu gleich sein muss. Die Cashflow-Berechnung weist einen deutlich höheren Wahrheitsgehalt auf, weil die zu korrigierenden Bilanzpositionen, die Veränderungen zum Vorjahr beschreiben, „echten" Mittelzufluss bzw. -abfluss beschreiben.

5.10 Insolvenzwahrscheinlichkeit und Rating

5.10.1 Beschreibung

Der **Insolvenzwahrscheinlichkeit** kommt nicht nur im Rahmen der Unternehmensbewertung, sondern auch bei der langfristigen Unternehmensplanung eine bedeutende Rolle zu. Nur ein gesundes Unternehmen stellt für die Shareholder ein interessantes Investment dar. Außerdem sollte die Insolvenzwahrscheinlichkeit zu Zeiten sowie nach der Corona-Pandemie nicht vernachlässigt und in das Financial Model integriert werden. Die Insolvenzwahrscheinlichkeit p kann bereits mit den beiden Finanzkennzahlen Return on Capital Employed (**ROCE**) und **Eigenkapitalquote** berechnet werden:

$$p = \frac{0{,}265}{1+e^{-0{,}41+7{,}42*EKQ+11{,}2*ROCE}}$$

Damit die Formel in das **Financial Model** integriert werden kann, müssen zwei wesentliche Themen beachtet werden, die sich auf die Exponentialfunktion und die beiden Kennzahlen im Nenner beziehen. Im ersten Schritt muss die Zahl e, die der Eulerschen Zahl entspricht, mit ≈ 2,71 in das Financial Model integriert werden. Anschließend müssen für die Eigenkapitalquote und den ROCE die variablen Erwartungswerte verwendet werden, aus denen die MCS, basierend auf den 5.000 Ziehungen, die Verteilungsfunktion des M.C. STAHL AG Planjahres t2 berechnen kann.[91] Aus diesem Grund wird zur Berechnung der Insolvenzwahrscheinlichkeit p nicht die in den Kapiteln 5.5.1.2 und 5.7.2.2 simulierten Erwartungswerte der Eigenkapitalquote und des ROCE verwendet, weil auf diese Art und Weise nur ein Wert p berechnet werden kann. Darüber hinaus stellen die Ergebnisse der Simulation, aufgrund der Exponentialfunktion im Nenner, lediglich positive Werte dar, weshalb die MCS kein klassisches Histogramm mit möglichen negativen Werten erzeugt. Aus diesem Grund wird in der nachfolgenden Simulation und Interpretation weniger auf statistische Kennzahlen, sondern mehr auf die Konsequenzen des Erwartungswertes für die M.C. STAHL AG eingegangen.

5.10.2 Simulation und Interpretation

Die MCS berechnet für das Planjahr t2 die folgende **Insolvenzwahrscheinlichkeit *p*.**

[91] Vgl. Gleißner 2018, S. 12.

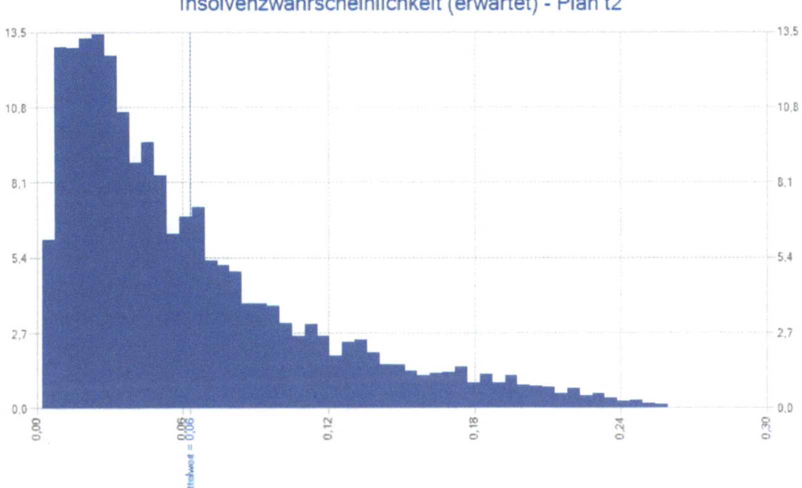

Abbildung 36: Histogramm – Insolvenzwahrscheinlichkeit Planjahr t2
Quelle: Eigene Darstellung.

Auf den ersten Blick wirkt das veranschaulichte Simulationsergebnis in Abbildung 36 positiv, weil die Risikoaggregation der MCS nur positive reelle Zahlen ermittelt hat. Am Beispiel der Insolvenzwahrscheinlichkeit muss von der Risikodefinition, die sich auf Chancen und Gefahren bezieht, abgewichen werden, weil ein Ergebnis mit hohen positiven %-Werten die Gefahr der Insolvenz erhöhen kann und damit ein Ergebnis von ≈ 0 % wünschenswert ist. Mithilfe der Mean-Funktion kann abschließend ein durchschnittlicher Erwartungswert der Insolvenzwahrscheinlichkeit von 6,34 % für das Planjahr t2 berechnet werden.

Um den Erwartungswert besser einordnen zu können, muss die Insolvenzwahrscheinlichkeit an ein Ratingergebnis geknüpft werden. *Prof. Dr. Werner Gleißner*, der als Experte auf dem Gebiet des Ratings gilt, verbindet die Wahrscheinlichkeit p mit den folgenden Rating-Ergebnissen:

Rating	**Insolvenzwahrscheinlichkeit**	**Rating-Skala**
Aaa	≈ 0 %	Investment Grade
Aa2	< 0,02 %	Investment Grade
A1	< 0,06 %	Investment Grade
A2	< 0,10 %	Investment Grade

A3	< 0,15 %	Investment Grade
Baa2	< 0,48 %	Investment Grade
Ba1	< 1,37 %	Non-Investment Grade
Ba2	< 2,30 %	Non-Investment Grade
B1	< 4,95 %	Non-Investment Grade
B2	< 6,64 %	Non-Investment Grade
B3	< 11,35 %	Non-Investment Grade
Caa	> 11,35 %	Non-Investment Grade

Tabelle 9: Insolvenzwahrscheinlichkeiten und Rating
Quelle: Eigene Darstellung in Anlehnung an: Gleißner, W. (2017b): Das Insolvenzrisiko beeinflusst den Unternehmenswert: Eine Klarstellung in 10 Punkten, in: BewertungsPraktiker 02/17, S. 42-51; Moody's Investors Service, Inc. (Hrsg.) (o. J.): Rating Scale and Definitions.
URL: https://www.moodys.com/sites/products/productattachments/ap075378_1_1408_ki.pdf (abgerufen am 07.03.2021).

Das Simulationsergebnis kann in Anlehnung an Tabelle 9 dem Ratingergebnis B2 zugeordnet werden, weil der **Erwartungswert der Insolvenzwahrscheinlichkeit** im Planjahr t2 6,34 % entspricht. In anderen Worten formuliert kann für die M.C. STAHL AG im Planjahr t2 lediglich eine Überlebenswahrscheinlichkeit von (1 – 6,34 % =) 93,66 % erwartet werden. Ein Blick in die Zukunft zeigt, dass im Terminal Value mit einer noch schlechteren Insolvenzwahrscheinlichkeit von 6,68 % zu rechnen ist, weshalb das Management umgehend handeln muss. Das Rating B2 gehört der Kategorie „Non-Investment Grade" an und bietet einige Nachteile denen Unternehmen gegenüber, die der Kategorie „Investment Grade" angehören. Zu diesen Nachteilen können u. a. erhöhte Fremdkapitalkosten gezählt werden, die aus höheren Risikoaufschlägen der Banken resultieren. *Moody's* beschreibt gelistete Unternehmen der Rating-Skala B als spekulativ, weil diese mit hohen Kreditrisiken in Verbindung gebracht werden.[92] Die logische Konsequenz für den M.C. STAHL AG Konzern liegt in der Tatsache, dass potenzielle Investoren vorsichtig im Umgang mit einem M.C. STAHL AG Investment agieren und Fremdkapital teuer erworben werden muss.

Das Controlling der M.C. STAHL AG sollte im Bereich des Ratings mit dem Management feste Ziele vereinbaren. Das Hauptziel könnte kurzfristig die Erreichung des Ratings Ba2 lauten, um der Rating-Kategorie

92 Vgl. Moody's Investors Service, Inc. (Hrsg.) (o. J.), online.

„Investment Grade" näher zu kommen. Um dieses Ergebnis erreichen zu können, kann der Controller dem Management mitteilen, wie viel zusätzliches Eigenkapital die Eigentümer in das Unternehmen einbringen müssten, damit das Rating Ba2 realisiert werden könnte. In Bezug auf die zu Beginn des Kapitels beschriebene Formel kann das Controlling ermitteln, um wie viel Prozent der Erwartungswert der Eigenkapitalquote steigen müsste, wenn der Erwartungswert des ROCE von −0,7 % als fixiert betrachtet werden würde. Um dieses Beispiel durchrechnen zu können, wird die Zielwertsuche oder der Excel-Solver benötigt. Der Excel-Solver muss zu Beginn über den Pfad *Datei* ➲ *Optionen* ➲ *Add-Ins* ➲ *Verwalten: Excel-Add-Ins* ➲ *Los* ➲ *Solver* der Menüleiste hinzugefügt und anschließend über *Daten* ➲ *Solver* ausgewählt werden. Danach kann die Zelle „Erwartungswert der Insolvenzwahrscheinlichkeit gemäß MCS" selektiert und der Wert 2,29 % als Zielwert (Rating Ba2) eingetragen werden. Anschließend muss in das Feld des Solver-Fensters „Durch Ändern von Variablenzellen" die Zelle „Erwartungswert Eigenkapitalquote gemäß MCS" des Planjahres t2 ausgewählt werden. Mit einem Klick auf den Button „Lösen" wird ein Erwartungswert der Eigenkapitalquote von 38,53 % ausgegeben, die zur Erreichung des Ziel-Ratings benötigt wird. Die nachfolgende Abbildung 37 dient der Veranschaulichung des zuvor beschriebenen Vorgehens.

Nebenrechnung: Optimierung der Insolvenzwahrscheinlichkeit & Rating mit Solver	Plan t1	Plan t2	Plan t3	Plan t4	Plan t5	Plan TV
Ziel-Rating	**Ba2**	**Ba2**	**Ba2**	**Ba2**	**Ba2**	**Ba2**
Ziel-Insolvenzwahrscheinlichkeit	**2,29%**	**2,29%**	**2,29%**	**2,29%**	**2,29%**	**2,29%**
Erwartungswert der Insolvenzwahrscheinlichkeit gemäß MCS	**6,57%**	**2,29%**	**6,51%**	**6,50%**	**6,57%**	**6,68%**
Zähler der Formel Insolvenzwahrscheinlichkeit	0,265	0,265	0,265	0,265	0,265	0,265
Nenner der Formel Insolvenzwahrscheinlichkeit	5,265	11,572	5,452	5,621	5,629	5,381
Erwartungswert Eigenkapitalquote gemäß MCS	28,50%	38,53%	25,78%	24,71%	23,97%	23,21%
Erwartungswert ROCE gemäß MCS	-2,23%	-0,74%	-0,04%	1,00%	1,51%	1,51%

Abbildung 37: Optimierung der Insolvenzwahrscheinlichkeit Planjahr t2
Quelle: Eigene Darstellung.

Um die Eigenkapitalquote von 38,53 % im Planjahr t2 erreichen zu können, müsste die Eigenkapitalquote von 27 %, die mittels der MCS für das Planjahr t2 in Kapitel 5.5.1.2 ermittelt wurde, um (38,53 % − 27 % =) 11,53 % steigen. Jedoch empfiehlt sich in diesem Beispiel keine isolierte Betrachtung der Eigenkapitalquote, weil der Erwartungswert des ROCE von −0,7 % ein schlechtes Ergebnis darstellt, das mitverantwortlich für die hohe Insolvenzwahrscheinlichkeit des Planjahres t2 ist. Der ROCE kann nur dann verbessert werden, wenn das durchschnittlich eingesetzte Kapital einer Periode effizienter eingesetzt wird. Mit einer deutlichen Verbesserung des ROCE-Ergebnisses kann die Ziel-Insolvenzwahrscheinlichkeit von 2,29 % und damit das Ziel-Rating Ba2 realisiert werden.

Die Insolvenzwahrscheinlichkeit kann in Microsoft Excel wie folgt modelliert werden:

Monte Carlo STAHL AG - Insolvenzwahrscheinlichkeit

Insolvenzwahrscheinlichkeit	Plan t1	Plan t2	Plan t3	Plan t4	Plan t5	Plan TV
Eigenkapitalquote (erwartet)	30,75%	26,92%	25,18%	23,54%	21,70%	17,53%
Eigenkapitalquote (geplant)	26,91%	25,53%	24,57%	23,83%	23,41%	22,86%
Risiko	4%	1%	1%	-0,29%	-1,72%	-5,32%
Return on Capital Employed (ROCE) (erwartet)	5,84%	-9,64%	-1,84%	-1,75%	-2,87%	-11,97%
Return on Capital Employed (ROCE) (geplant)	-1,43%	0,01%	1,14%	1,94%	2,38%	2,44%
Risiko	7,27%	-9,65%	-2,98%	-3,69%	-5,25%	-14,41%
Insolvenzwahrscheinlichkeit (erwartet)	1,98%	9,97%	5,91%	6,44%	7,80%	16,17%
Insolvenzwahrscheinlichkeit (geplant)	5,15%	4,91%	4,69%	4,56%	4,49%	4,62%
Risiko	-3%	5,06%	1,22%	1,87%	3,30%	11,55%
Durchschnittlicher Erwartungswert Insolvenzwahrscheinlichkeit	6,57%	6,34%	6,51%	6,50%	6,57%	6,68%
Überlebenswahrscheinlichkeit (erwartet)	98,02%	90,03%	94,09%	93,56%	92,20%	83,83%
Überlebenswahrscheinlichkeit (geplant)	94,85%	95,09%	95,31%	95,44%	95,51%	95,38%
Risiko	3,17%	-5,06%	-1,22%	-1,87%	-3,30%	-11,55%
Check Eigenkapitalquote (erwartet)	OK	OK	OK	OK	OK	OK
Check Eigenkapitalquote (geplant)	OK	OK	OK	OK	OK	OK

Abbildung 38: Insolvenzwahrscheinlichkeit in Microsoft Excel
Quelle: Eigene Darstellung.

5.11 Risiko-Dashboard

5.11.1 Beschreibung

Das entwickelte M.C. STAHL AG **Risiko-Dashboard** wird von den Autoren als Basis für die Risikokommunikation des Controllers an das Management interpretiert. Der Sinn und Zweck des Risiko-Dashboards besteht darin, die Transparenz und Auswirkungen potenzieller Risiken auf wichtige Key-Performance-Indicators (KPI) des Konzerns veranschaulichen zu können. Der Anlass zur Durchführung der **Risikoquantifizierung** und der Erstellung eines Risiko-Reportings im Sinne eines Risiko-Dashboards liegt in dem Prüfstandard **IDW PS 340 n.F.** begründet, der in den Kreisen der Unternehmen zunehmend an Bedeutung gewinnt. Der IDW PS 340 n.F. nimmt schon auf der ersten Seite Bezug auf den § 91 Abs. 2 AktG, der das Management dazu verpflichtet, ein Risikoüberwachungssystem zur Erkennung bestandsbedrohender Entwicklung zu implementieren. Zudem ist die Bewertung aller erkannten Risiken nach Eintrittswahrscheinlichkeit und Schadensausmaß unerlässlich, damit das Management zu jeder Zeit die individuelle Risikotragfähigkeit im Blick hat und unternehmerische Entscheidungen unter Berücksichtigung vollständiger Risikoinformationen treffen kann. Der Gesetzgeber lässt in seinen Ausführungen auch den Begriff der Risikoaggregation nicht vermissen, der Voraussetzung qualitativ hochwertiger Risikoinformationen ist. In der Definition wird u. a. die Kombination und Wechselwirkung einzelner Risiken beschrieben, die aggregiert deutlich gefährlichere Entwicklungen als eine isolierte Betrachtung von Einzelrisiken nehmen können.[93]

Die Buchautoren haben sich mit einer risikoadjustieren Fünfjahresplanung befasst und diese modular um die MCS erweitert. Mithilfe der MCS kann die Risikoaggregation durchgeführt und Auskunft über Eintrittswahrscheinlichkeit und Schadensausmaß spezifischer Risiken gegeben werden. Aus diesem Grund enthält das nachfolgende Risiko-Dashboard die qualitativ hochwertigen Risikoinformationen, die das Management zur Gegensteuerung negativer Entwicklungen (**Gefahren**) und Realisierung positiver Entwicklungen (**Chancen**) im Unternehmen benötigt.

5.11.2 Aufbau und Inhalte

Das Risiko-Dashboard ist dadurch gekennzeichnet, dass jede Kennzahl dieses Buches nach demselben Schema aufgebaut wurde. Aus diesem Grund werden die vier Bereiche des Risiko-Dashboards anhand einer ausgewählten Kennzahl beschrieben. Das Risiko-Dashboard befindet sich im Financial Model unter dem Tabellenreiter „Risk Kit Dashboard".

---

[93] Vgl. IDW PS 340 n.F. (Stand: 15.07.2019), S. 1-3.

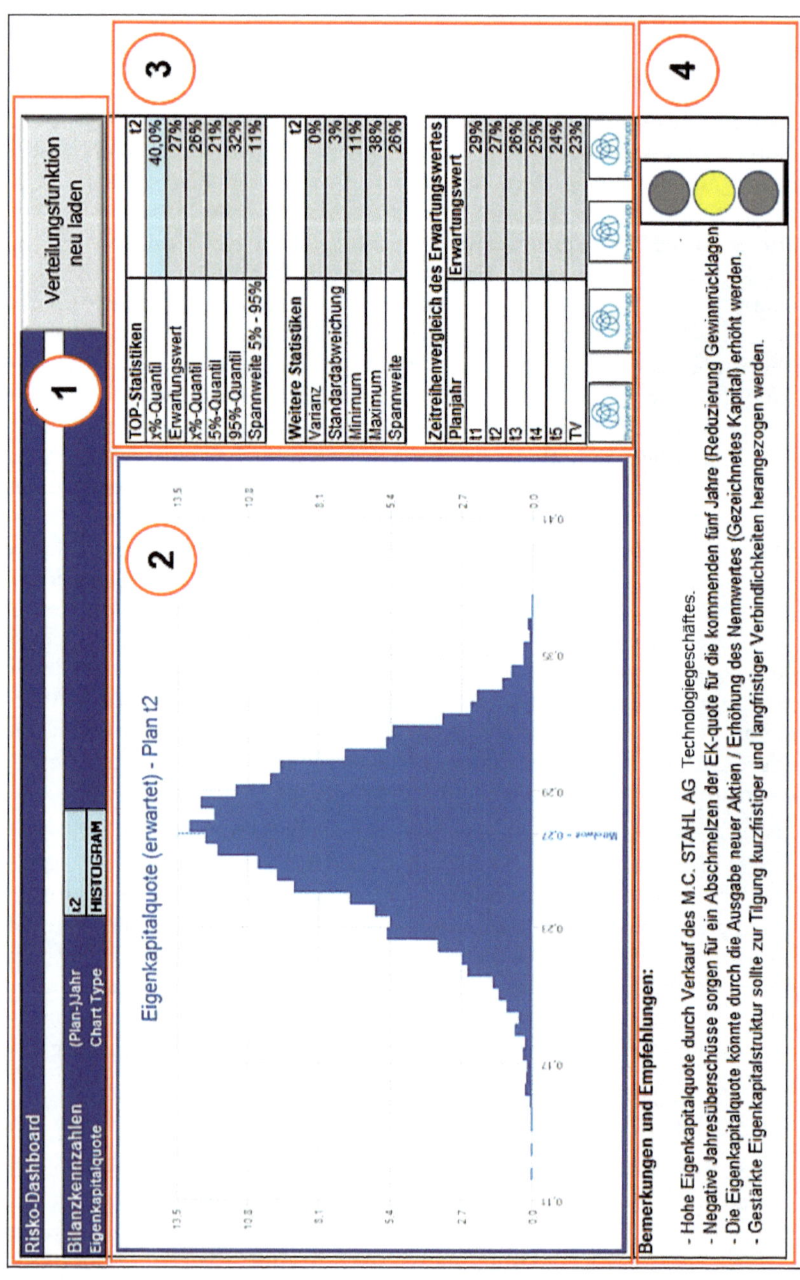

Abbildung 39: Monte Carlo STAHL AG – Risiko-Dashboard
Quelle: Eigene Darstellung.

Bereich 1:

Im oberen Teil des Risiko-Dashboards kann das Management die Kennzahl, das Planjahr und die Art des Diagramms ablesen. Darüber hinaus befindet sich im rechten oberen Bereich ein Button „Verteilungsfunktion neu laden". Die Positionen „(Plan-)Jahr" und „Chart Type" können über ein Drop-down-Menü selektiert werden. Das Drop-down-Menü kann über den Microsoft Excel-Pfad *Daten* ➲ *Datenüberprüfung* ➲ *Zulassen: Liste* selektiert und individuell beschrieben werden. Über das „Plan-)Jahr" können alle Geschäftsjahre von t1 bis t5 inkl. des Terminal Value ausgewählt werden. Beim „Chart Type" können alle Diagrammarten selektiert werden, die das Microsoft Excel-Add-In Risk Kit bietet. Darunter fallen bspw. das Histogramm, ein Diagramm, das die Dichtefunktion abbildet oder der Box-Plot. Der Button „Verteilungsfunktion neu laden" ist ein eigenerstellter Visual Basic for Applications bzw. VBA-Button. Dieser VBA-Button ermöglicht die Generierung einer neuen Verteilungsfunktion im Bereich 2, wenn zuvor die Position „Chart Type" abgeändert wurde. Die Notwendigkeit des VBA-Buttons wird bei den Erklärungen zu Bereich 2 deutlich.

Bereich 2:

Der zweite Bereich des Risiko-Dashboards beschreibt den Kern des Buches mit seinen Risiko-Diagrammen. In der Abbildung 39 wird das Histogramm der Eigenkapitalquote des Planjahres t2 mit einem Erwartungswert von 27 % visualisiert, die in Kapitel 5.5.1.2 bereits ausführlich beschrieben und interpretiert wurde. Dieser Teil des Risiko-Dashboards zeigt dem Management die möglichen Auswirkungen von Chancen und Gefahren in Bezug auf die zugrunde liegende Kennzahl. Die Diagrammtypen können über die Risk Kit-Formel „PlotEmpirical" erzeugt werden, die über den Pfad *Risk Kit* ➲ *Allgemein* ➲ *PlotEmpirical* ausgewählt und mit ihren Parametern befüllt werden kann. Damit das Diagramm über das erklärte Drop-down-Menü in Bereich 1 für das gewünschte Jahr und den gewünschten Diagrammtyp erzeugt werden kann, wurde die Risk Kit-Formel „PlotEmpirical" mit der Microsoft Excel WENN-Funktion kombiniert und folgende Formel erzeugt:

- =@WENN(F4="t1";PlotEmpirical ('Eigenkapitalquote 2'!B2:B5001;B5&" – "&F4;B5&" – "&F4;;;C7;F5;742,2;487,4);WENN(F4="t2";PlotEmpirical ('Eigenkapitalquote 2'!C2:C5001;B5&" – "&F4;B5&" – "&F4;;;C7;F5;742,2;487,4);WENN(F4="t3";PlotEmpirical ('Eigenkapitalquote 2'!D2:D5001;B5&" – "&F4;B5&" – "&F4;;;C7;F5;742,2;487,4);WENN(F4="t4";PlotEmpirical ('Eigenkapitalquote 2'!E2:E5001;B5&" – "&F4;B5&" – "&F4;;;C7;F5;742,2;487,4);WENN(F4="t5";PlotEmpirical ('Eigenkapitalquote 2'!F2:F5001;B5&" – "&F4;B5&" – "&F4;;;C7;F5;742,2;487,4);WENN(F4="Terminal Value";PlotEmpirical('Eigenkapitalquote 2'!G2:G5001;B5&" – "&F4;B5&" – "&F4;;;C7;F5;742,2;487,4);0))))))

Damit das Diagramm dynamisch gehalten werden kann, beziehen sich die grün markierten Parameter auf das „Plan(-Jahr)“ (in Zelle F4) und „Chart Type“ (in Zelle F5) des Bereichs 1. Die hellblau markierten Parameter beschreiben die Einträge, die durch das Drop-down-Menü bei der Position „Plan(-Jahr)“ selektiert werden können. Die grau markierten Parameter definieren den Wertebereich, der für den Dateninhalt der Diagramme verantwortlich ist. Diese Daten werden durch das Risk Kit Add-In in Form von Standardstatistiken in neuen Tabellenreitern ausgegeben. Am Beispiel der ersten WENN-Bedingung befinden sich die 5.000 Simulationsergebnisse der MCS des Planjahres t1 in der Spalte B von B2:B5001 des Tabellenreiters „Eigenkapitalquote 2“. Alle weiteren Parameter, die nicht farblich markiert wurden, sind für die Ausgabezelle des Diagrammes, des Titels sowie der Höhe und Breite verantwortlich. Nachdem bspw. das Planjahr t5 und der Diagrammtyp Box-Plot ausgewählt wurde, ist noch keine Veränderung des Diagramms erkennbar. Grund dafür ist, dass erst in die oben beschriebene Excel-Formel mit der linken Maustaste geklickt und anschließend die Taste „Enter“ gedrückt werden muss. Um dieses umständliche Vorgehen zu vermeiden, wurde der VBA-Code geschrieben, der dem potenziellen Management das zuvor beschriebene Vorgehen erspart. Nachdem der Button „Verteilungsfunktion neu laden“ gedrückt wurde, ist das Box-Plot-Diagramm für das Planjahr t5 erzeugt.

Alle Histogramme im Tabellenreiter „Risk Kit Dashboard“ sind mit der zusätzlichen Information „Mittelwert“ ausgestattet, der im Layout der Risk Kit Grafiken ausgewählt und dadurch dauerhaft für alle simulierten Grafiken angezeigt werden kann. Die Darstellung weiterer statistischer Kennzahlen wie z. B. die Standardabweichung oder das 5 %-95 %-Quantil wird als wenig sinnvoll erachtet, weil dadurch die Lesbarkeit der Grafik im Allgemeinen leidet. Aus diesem Grund haben sich die Autoren dafür entschieden, den durchschnittlichen Erwartungswert der Kennzahl („Mittelwert“) zu visualisieren und alle weiteren wichtigen statistischen Kennzahlen im Bereich 3 aufzulisten.

Bereich 3:

Alle weiteren Statistikkennzahlen, die mit Risk Kit nach jeder Simulation berechnet und in den Standardstatistiken ausgewiesen werden, befinden sich im Bereich 3 des Risiko-Dashboards. Die Statistiken wurden in die Kategorien „TOP-Statistiken“, „Weitere Statistiken“ und „Zeitreihenvergleich des Erwartungswertes“ tabellarisch unterteilt. Die Tabellen „TOP-Statistiken“ und „Weitere Statistiken“ zeigen immer die statistischen Kennzahlen des selektierten Jahres aus Bereich 1. Die Tabelle „Zeitreihenvergleich des Erwartungswertes“ beinhaltet die Erwartungswerte aus den Simulationen aller Planjahre inkl. des Terminal Value. Diese Kennzahlen können alternativ zu den Standardstatistiken über den Microsoft Excel-Pfad *Formeln* ➲ *Mehr Funktionen* ➲ *Statistik* ausgewählt und berechnet werden. Am Beispiel des vorliegenden Risiko-Dashboards wurden die Statistiken nach dem beschriebenen alternativen Vorgehen berechnet. Diese Berechnungen sind nach der gleichen Logik wie die im Bereich 2 erzeugte Grafik verknüpft worden, sodass bei Veränderung des Planjahres im Bereich 1 die entsprechenden Statistiken berechnet und in den Tabellen „TOP-Statistiken“ und „Weitere Statistiken“ angezeigt werden. Jedoch wird in diesem Fall keine Grafik mit der PlotEmpirical-Funktion erzeugt, sondern statistische Rechenformeln an die WENN-Funktion gekoppelt:

- = WENN($F$4="t1";MITTELWERT('Eigenkapitalquote 2'!$B$2:$B$5001);WENN($F$4="t2";MITTELWERT('Eigenkapitalquote 2'!$C$2:$C$5001);WENN($F$4="t3";MITTELWERT('Eigenkapitalquote 2'!$D$2:$D$5001);WENN($F$4="t4";MITTELWERT('Eigenkapitalquote 2'!$E$2:$E$5001);WENN($F$4="t5";MITTELWERT('Eigenkapitalquote 2'!$F$2:$F$5001);WENN($F$4="Terminal Value";MITTELWERT('Eigenkapitalquote 2'!$G$2:$G$5001);""))))))

Die farblich hinterlegten Parameter nehmen die gleichen Funktionalitäten ein, wie jene aus der vorgestellten Formel im Bereich 2. Die Formel aus Bereich 3 steht exemplarisch für die Berechnung des Erwartungswertes (MITTELWERT-Funktion) der spezifischen Planjahre. Alle weiteren Statistiken sind identisch aufgebaut, jedoch um die gewünschte statistische Rechenformel modifiziert. Bei der Berechnung der Varianz wird bspw. die MITTELWERT-Funktion durch die VAR.S-Funktion ersetzt.

Bereich 4:

Alle Kennzahlen des Risiko-Dashboards werden mit einem „Bemerkungen und Empfehlungen"-Bereich abgeschlossen. Ergänzt wird Bereich 4 durch ein Ampelsystem, das je nach der aufgezeigten Entwicklung in der Tabelle „Zeitreihenvergleich des Erwartungswertes" aus Bereich 3 auf grün, gelb oder rot geschalten wird. Am Beispiel der Eigenkapitalquote steht das Ampelsystem auf „gelb", weil die Entwicklung des Erwartungswertes von 29 % im Planjahr t1 auf 23 % im Terminal Value abfällt. Als Hauptgrund für die negative Entwicklung können die Erwartungswerte der GuV-Position „Jahresüberschuss/(-fehlbetrag)" genannt werden, die im Terminal Value mit −147 Mio. € noch immer negativ ausfallen und die Gewinnrücklagen des Eigenkapitals negativ belasten. Unter Berücksichtigung der Strategie des Konzerns, könnte bei positivem Verlauf des Aktienkurses in unmittelbarer Zukunft über eine Ausgabe neuer Aktien bzw. Erhöhung des Nennwertes nachgedacht werden, um die Eigenkapitalposition „Gezeichnetes Kapital" und damit die Eigenkapitalquote erhöhen zu können.

Der Unterschied der „Bemerkungen und Empfehlungen" aus Bereich 4 zu den Simulationen und Interpretationen einzelner Kennzahlen aus den vorherigen Kapiteln, liegt in den Empfehlungen, die stärker den Zeitreihenvergleich der Simulationsergebnisse berücksichtigen. Der vierte Bereich schließt das Risiko-Dashboard inhaltlich ab, das im Anschluss an die Entscheidungsträger des M.C. STAHL AG Konzerns übermittelt werden könnte. Der Controller sollte im Rahmen seiner Rolle als Business Partner seine Kommunikationsfunktion wahrnehmen und die unternehmerischen Risiken und Entwicklungen der wichtigsten KPIs in eine Managementpräsentation einarbeiten.

Literaturverzeichnis

Einzelwerke

ALEXANDER, C. (2008): Market Risk Analysis: Quantitative Methods in Finance, 1. Aufl., Southern Gate, Chichester: John Wiley & Sons Ltd.

BINDER, U. (2017): Schnelleinstieg Controlling – Verständlich und praxisnah auf den Punkt gebracht, 6. Aufl., Freiburg: Haufe-Lexware GmbH & Co. KG.

BLEIBER, R. (2018): Cashflow optimieren, 1. Aufl., Freiburg: Haufe-Lexware GmbH & Co. KG.

CHARNES, J. (2012): Financial Modeling with Crystal Ball and Excel, 2. Aufl., Hoboken (New Jersey): John Wiley & Sons, Inc.

COENENBERG, A.; HALLER, A.; SCHULTZE, W. (2018): Jahresabschluss und Jahresabschlussanalyse: betriebswirtschaftliche, handelsrechtliche, steuerrechtliche und internationale Grundlagen – HGB, IAS/IFRS, US-GAAP, DRS, 25. Aufl., Stuttgart: Schäffer-Poeschel Verlag.

DIEDERICHS, M. (2018): Risikomanagement und Risiko-Controlling, 4. Aufl., München: Franz Vahlen Verlag.

DOMKE, U.; GRANICA, J. (2019): Mutig führen – Wie Sie in Ihrem Unternehmen die Lust auf Verantwortung wecken, 1. Aufl., Stuttgart: Schäffer-Poeschel Verlag.

ERNST, D.; HÄCKER, J. (2021): Risikomanagement im Unternehmen: Schritt für Schritt, München: UTB.

ERNST, D.; SCHNEIDER, S.; THIELEN, B. (2018): Unternehmensbewertungen erstellen und verstehen – Ein Praxisleitfaden, 6. Aufl., München: Verlag Franz Vahlen.

FRICKE, W. (2020): Mathematik verstehen Band 3 – Wahrscheinlichkeitsrechnung und Statistik, 1. Aufl., Norderstedt: BoD – Books on Demand.

FRÖHLICH, M. ET AL. (2020): Einführung in die Methoden, Methodologie und Statistik im Sport, 1. Aufl., Berlin: Springer Spektrum.

GLEIẞNER, W.; WOLFRUM, M. (2019): Risikoaggregation und Monte-Carlo-Simulation – Schlüsseltechnologie für Risikomanagement und Controlling, 1. Aufl., Wiesbaden: Springer Verlag.

HEDDERICH, J.; SACHS, L. (2020): Angewandte Statistik – Methodensammlung mit R, 17. Aufl., Berlin: Springer Spektrum.

HORVÁTH, P.; GLEICH, R.; SEITER, M. (2020): Controlling, 14. Aufl., München: Verlag Franz Vahlen GmbH.

INTERNATIONAL GROUP OF CONTROLLING (Hrsg.) (2005): Risiko, 3. Aufl., Stuttgart: Schäffer-Poeschel Verlag.

JÄCKEL, P. (2002): Monte Carlo Methods in Finance, 1. Aufl., Chichester: John Wiley & Sons Inc.

KESTEN, R. (2020): Finanzwirtschaft klipp & klar, 1. Aufl., Wiesbaden: Gabler Verlag.

KÖNIGS, H. (2013): IT-Risikomanagement mit System – Praxisorientiertes Management von Informationssicherheits- und IT-Risiken, 4. Aufl., Wiesbaden: Springer Vieweg.

KOSFELD, R.; ECKEY, H.; TÜRCK, M. (2019): Wahrscheinlichkeitsrechnung und Induktive Statistik – Grundlagen – Methoden – Beispiele, 3. Aufl., Wiesbaden: Gabler Verlag.

PREIßLER, P. (2020): Controlling, 15. Aufl., München: Verlag Franz Vahlen GmbH.

RADKE, H. (2006): Statistik mit Excel: Für Praktiker: Statistiken aufbereiten und präsentieren, 1. Aufl., München: Markt+Technik Verlag.

REICHMANN, T.; KIßLER, M.; BAUMÖL, U. (2017): Controlling mit Kennzahlen – Die systemgestützte Controlling Konzeption, 9. Aufl., München: Franz Vahlen Verlag.

SCHÄFER, H. (2017): Numerische Auslegung von Wälzlagern, 1. Aufl., Berlin: Springer Vieweg.

STIEFL, J. (2010): Risikomanagement und Existenzsicherung – Mit Konzepten und Fallstudien zu KMU, 1. Aufl., München: Oldenbourg Wissenschaftsverlag GmbH.

STRICK, H. (2018): Einführung in die Beurteilende Statistik – Stochastik kompakt, 1. Aufl., Wiesbaden: Springer Spektrum.

USKOVA, M.; SCHUSTER, T. (2020): Finanzplanung, Investitionscontrolling und Finanzcontrolling – Lehr- und Übungsbuch für das Master-Studium, 1. Aufl., Wiesbaden: Gabler Verlag.

VANINI, U. (2012): Risikomanagement – Grundlagen, Instrumente, Unternehmenspraxis, 1. Aufl., Stuttgart: Schäffer-Poeschel Verlag.

WÄLDER, K.; WÄLDER, O. (2017): Methoden zur Risikomodellierung und des Risikomanagements, 1. Aufl., Wiesbaden: Springer Vieweg.

WÖHE, G. ET. AL. (2013): Grundzüge der Unternehmensfinanzierung, 11. Aufl., München: Verlag Franz Vahlen.

Sammelwerke

EISELT, A.; MÜLLER, S. (2014): Verwendeter Finanzmittelfonds, in: Müller, S. (Hrsg.) (2014): Kapitalflussrechnung nach IFRS und DRS 21: Darstellung und Analyse von Cashflows und Zahlungsmitteln, 2. Aufl., Berlin: Erich Schmidt Verlag GmbH & Co., S. 152-153.

ERNST, D.; HÄCKER, J. (Hrsg.) (2016a): Trennen Sie Inputs von Outputs, in: Ernst, D.; Häcker, J. (Hrsg.) (2016a): Financial Modeling, 2. Aufl., Stuttgart: Schäffer-Poeschel Verlag, S. 34-35.

ERNST, D.; HÄCKER, J. (Hrsg.) (2016b): Grundlagen, in: Ernst, D.; Häcker, J. (Hrsg.) (2016b): Financial Modeling, 2. Aufl., Stuttgart: Schäffer-Poeschel Verlag, S. 423-425.

ERNST, D.; HÄCKER, J. (Hrsg.) (2016c): Skizzieren Sie den Datenfluss und die Modellstruktur, in: Ernst, D.; Häcker, J. (Hrsg.) (2016c): Financial Modeling, 2. Aufl., Stuttgart: Schäffer-Poeschel Verlag, S. 31-34.

GLEIßNER, W. (2015): Risikomanagement: Unternehmenswert als Risikomaßstab kombiniert Ertrag und Risiko, in: Gleich, R. (Hrsg.) (2015): Moderne Controllingkonzepte – Zukünftige Anforderungen erkennen und integrieren, 1. Aufl., München: Haufe-Lexware GmbH & Co. KG, S. 159-176.

GLEIßNER, W. (2017a): Risikomanagement: Ziele und Teilaufgaben im Überblick, in: Gleißner, W.; Klein, A. (Hrsg.) (2017): Risikomanagement und Controlling – Chancen und Risiken erfassen, bewerten und in die Entscheidungsfindung integrieren, 2. Aufl., München: Haufe-Lexware GmbH & Co. KG, S. 23-37.

GLEIßNER, W.; KALWAIT, R. (2017): Integration von Risikomanagement und Controlling: Plädoyer für einen neuen Umgang mit Planungsunsicherheit im Controlling, in: Gleißner, W.; Klein, A. (Hrsg.) (2017): Risikomanagement und Controlling – Chancen und Risiken erfassen, bewerten und in die Entscheidungsfindung integrieren, 2. Aufl., München: Haufe-Lexware GmbH & Co. KG, S. 39-64.

GLEIßNER, W.; WOLFRUM, M. (2011): Szenario-Analyse und Simulation: ein Fallbeispiel mit Excel und Crystal Ball, in: Gleich, R.; Klein, A. (Hrsg.) (2011): Der Controlling-Berater – Band 17 – Challenge Controlling 2015, München: Haufe-Lexware GmbH & Co. KG, S. 241-264.

Kröber, J.; Jonas, C. (2019): Working Capital Management: Stellhebel, Potenziale und innovative Instrumente zur Stärkung der Innenfinanzierung, in: Gleich, R.; Linsner, R. (Hrsg.) (2019): Integrierte Planung und Steuerung von Erfolg und Liquidität – Die wichtigsten Konzepte, Werkzeuge und Kennzahlen, 1. Aufl., Freiburg: Haufe-Lexware GmbH & Co. KG, S. 89-106.

Maron, C.; Burgermeister, A.; Walter, S. (2018): Digital meets Finance by DATEV eG, in: Gleich, R.; Tschandl, M. (Hrsg.) (2018): Digitalisierung & Controlling – Technologien, Instrumente, Praxisbeispiele, 1. Aufl., München: Haufe-Lexware GmbH & Co. KG, S. 129-144.

Oehler, K. (2017): Simulation im Controlling: Möglichkeiten und Chancen durch moderne Werkzeuge und Predictive Analytics, in: Gleich, R.; Grönke, K.; Kirchmann, M.; Leyk, J. (Hrsg.) (2017): Strategische Unternehmensführung mit Advanced Analytics – Neue Möglichkeiten von Big Data für Planung und Analyse erkennen und nutzen, 1. Aufl., München: Haufe-Lexware GmbH & Co. KG, S. 63-86.

Oehler, K. (2018): Stochastische Planungssimulation (Monte Carlo) mit Excel und „R“, in: Klein, A. (Hrsg.) (2018): Controllinginstrumente mit Excel umsetzen – Wichtige Tools und Gestaltungsempfehlungen, 1. Aufl., München: Haufe-Lexware GmbH & Co. KG, S. 213-240.

Rathgeb, P.; Walter, B. (2007): Risikoabbildung im Kreditrisikomanagementprozess, in: Seethaler, P; Steitz, M. (Hrsg.) (2007): Praxishandbuch Treasury-Management – Leitfaden für die Praxis des Finanzmanagements, 1. Aufl., Wiesbaden: GWV Fachverlage GmbH, S. 432-456.

Seidel, U. (2011): Grundlagen und Aufbau eines Risikomanagementsystems, in: Klein, A. (Hrsg.) (2011): Risikomanagement und Risiko-Controlling, 1. Aufl., München: Haufe-Lexware GmbH & Co. KG, S. 21-50.

Zeitschriften

Biel, A. (2020): Zusammenwirken von Risikomanagement, Controlling, Revision, Compliance und Qualitätsmanagement in der Unternehmenssteuerung, in: Controller Magazin 05/20, S. 11-16.

BLEUEL, H. (2006): Monte-Carlo-Analysen im Risikomanagement mittels Software-Erweiterungen zu MS-Excel – dargestellt am Fallbeispiel der Unternehmensplanung, in: Controlling – Zeitschrift für erfolgsorientierte Unternehmenssteuerung 07/06, S. 371-378.

BLIEFERT, F. (2017): Monte-Carlo-Planung in Excel, in: Controller Magazin 05/17, S. 34-37.

GLEIẞNER, W. (2004): Die Aggregation von Risiken im Kontext der Unternehmensplanung, in: Zeitschrift für Controlling & Management 05/04, S. 350-359.

GLEIẞNER, W. (2008): Erwartungstreue Planung und Planungssicherheit – Mit einem Anwendungsbeispiel zur risikoorientierten Budgetierung, in: Controlling – Zeitschrift für erfolgsorientierte Unternehmenssteuerung 02/08, S. 81-87.

GLEIẞNER, W. (2016): Bandbreitenplanung, Planungssicherheit und Monte-Carlo-Simulation mehrerer Planjahre – Risikoaggregation – auch über die Zeit, in: Controller Magazin 04/16, S. 16-23.

GLEIẞNER, W. (2017b): Das Insolvenzrisiko beeinflusst den Unternehmenswert: Eine Klarstellung in 10 Punkten, in: BewertungsPraktiker 02/17, S. 42-51.

GLEIẞNER, W. (2018): Insolvenzrisiko: Top-Kennzahl für Controlling, Balanced Scorecard und Risikomanagement, in: Controller Magazin 04/18, S. 10-15.

GLEIẞNER, W. (2019a): Risikoanalyse (I): Grundlagen der Risikoquantifizierung, in: Controller Magazin 02/19, S. 42-46.

GLEIẞNER, W. (2019b): Risikoanalyse II: Ein strukturierter Leitfaden zur Risikoquantifizierung, in: Controller Magazin 03/19, S. 31-35.

GLEIẞNER, W. (2020): Integratives Risikomanagement – Schnittstellen zu Controlling, Compliance und Interner Revision, in: Controlling – Zeitschrift für erfolgsorientierte Unternehmenssteuerung 04/20, S. 23-29.

GLEIẞNER, W.; GRUNDMANN, T. (2003): Stochastische Planung – Auf dem Weg zu einem chancen- und risikoorientierten Controlling, in: Controlling – Zeitschrift für erfolgsorientierte Unternehmenssteuerung 09/03, S. 459-466.

GLEIẞNER, W.; KAMARÁS, E. (2020): Volkswirtschaftliche Risiken und deren betriebswirtschaftliche Konsequenzen, in: Der Betrieb 34/20, S. 1745-1753.

GLEIßNER, W.; LEIBBRAND, F. (2010): Bekannte, bewältigte, bewältigbare und entscheidungsrelevante Risiken – Das große Missverständnis im Risikomanagement, in: Risk, Compliance & Audit 05/10, S. 20-25.

GLEIßNER, W.; WOLFRUM, M. (2017): Risikotragfähigkeit, Risikotoleranz, Risikoappetit und Risikodeckungspotenzial, in: Controller Magazin 06/17, S. 77-84.

GRISAR, C.; MEYER, M. (2015): Use of Monte Carlo simulation: an empirical study of German, Austrian and Swiss controlling departments, in: Journal of Management Control 02-03/15, S. 249-273.

GRISAR, C.; MEYER, M. (2016): Use of simulation in controlling research: a systematic literature review for German-speaking countries, in: Management Review Quarterly 02/16, S. 117-157.

HOLTRUP, H. ET AL. (2018): Mit Risikoszenarien steuern, in: Controlling & Management Review – Zeitschrift für Controlling & Management 01/18, S. 16-23.

HOMBURG, C.; STEPHAN, J. (2004): Kennzahlenbasiertes Risiko-Controlling in Industrie- und Handelsunternehmen, in: Zeitschrift für Controlling & Management 05/04, S. 313-325.

KLEIN, M. (2010): Monte-Carlo Simulation und Due Diligence: Ein methodischer Ansatz zur computergestützten Aggregierung von Wahrscheinlichkeitsverteilungen aus Expertenbefragungen, Working Papers in Accounting Valuation Auditing 2010-5, Friedrich-Alexander University Erlangen-Nuremberg, Chair of Accounting and Auditing.

KNUPPERTZ, T.; AHLRICHS, F. (2007): Prozessorientiertes Risikomanagement, in: Controlling – Zeitschrift für erfolgsorientierte Unternehmenssteuerung 08-09/07, S. 491-500.

KROPP, M.; GILLENKIRCH, R. (2004): Controlling von Finanzrisiken in Industrieunternehmen, in: Zeitschrift für Controlling & Management 03/04, S. 86-96.

LUKAS, C.; RAPP, M. (2013): Unternehmenssteuerung mit Rentabilitätskennzahlen, in: Controlling & Management Review – Zeitschrift für Controlling & Management 06/13, S. 68-73.

MEYER, M.; SPITZNER, J. (2019): Was leisten Simulationen für die zukunftsorientierte Steuerung?, in: Controlling – Zeitschrift für erfolgsorientierte Unternehmenssteuerung S/19, S. 40-45.

OTREMBA, S.; JOOS, J.; TIECKS, S. (2020): Neue Impulse für die Überwachung und Steuerung bestandsgefährdender Risiken, in: Der Betrieb 37/20, S. 1913-1918.

PLATON, V.; CONSTANTINESCU, A. (2014): Monte Carlo Method in Risk Analysis for Investment Projects, in: Procedia Economics and Finance 15/14, S. 393-400.

REICHMANN, T. (2020): Risiko-Controlling – Strategische und operative Risiken erfolgreich identifizieren, steuern und überwachen, in: Controlling – Zeitschrift für erfolgsorientierte Unternehmenssteuerung 04/20, S. 1.

SCHILLING, B. (2018): Risikoadjustierte Unternehmensplanung – Integration von Unternehmensplanung und Risikomanagement, in: Controller Magazin 06/18, S. 30-36.

ZAKHARY, A. ET. AL. (2011): Forecasting hotel arrivals and occupancy using Monte Carlo simulation, in: Journal of Revenue and Pricing Management Vol. 10 04/11, S. 344-366.

Elektronische Quellen

BUNDESMINISTERIUM DER JUSTIZ UND FÜR VERBRAUCHERSCHUTZ (Hrsg.) (2020): Aktiengesetz – § 91 Organisation. Buchführung. URL: https://www.gesetze-im-internet.de/aktg/__91.html (abgerufen am 08.12.2020).

FREEPIK COMPANY S.L. (Hrsg.) (2021): Flaticon – Präsentationsicons “Risiko”, “euro”, “bar-chart“. URL: https://www.flaticon.com/de (abgerufen am 24.09.2021).

INSTITUT DER WIRTSCHAFTSPRÜFER IN DEUTSCHLAND E.V. (Hrsg.) (2020): IDW PS 340 n.F. zur Prüfung des Risikofrüherkennungssystems verabschiedet. URL: https://www.idw.de/idw/idw-aktuell/idw-ps-340-n-f-zur-pruefung-des-risikofrueherkennungssystems-verabschiedet/124088 (abgerufen am 15.12.2020).

MOODY’S INVESTORS SERVICE, INC. (Hrsg.) (o. J.): Rating Scale and Definitions. URL: https://www.moodys.com/sites/products/productattachments/ap075378_1_1408_ki.pdf (abgerufen am 07.03.2021).

WEHRSPOHN GMBH & CO. KG (Hrsg.) (2021): https://www.wehrspohn.info/produkte/risk-kit.html (abgerufen am 16.01.2021).

Juristische Quellen, Rechtsprechungen

§ 130 OWiG

§ 275 Abs. 2 HGB

§ 275 Abs. 3 HGB

§ 43 GmbHG

§ 91 Abs. 2 AktG

§ 93 Abs. 1 AktG

IAS 38.54.

IAS 38.57.

IDW PS 340 n.F. (Stand: 15.07.2019)

Sachverzeichnis

Dietmar Ernst, Joachim Häcker

Risikomanagement im Unternehmen Schritt für Schritt

Professionelle Excelmodelle leicht erklärt

1. Auflage 2021, 224 Seiten
€[D] 24,90
ISBN 978-3-8252-5692-0
eISBN 978-3-8385-5692-5

Risikomanagement ist in Krisenzeiten wichtiger denn je. Hinzu kommt, dass Unternehmen im Rahmen eines Risikomanagements verpflichtet sind, Risiken zu identifizieren, quantifizieren und aggregieren. Der IDW PS 340 hat hierzu die Rahmenbedingungen gesetzt. In diesem Buch wird Ihnen anhand einer Case Study „Schritt für Schritt“ mit Hilfe von Excel gezeigt, wie Sie Risiken analysieren und quantifizieren können.
Das Buch beginnt mit der grafischen Darstellung von Risiken und der Berechnung von Risikoparametern wie den Value at Risk. Danach werden unterschiedliche Risiken mit der Monte-Carlo-Simulation zu einem Gesamtrisiko aggregiert. Es wird auch das Absichern von Risiken erklärt und wie nicht absicherbare Risiken in einen Business Plan eingebaut werden. Das Thema der Bewertung von Extremrisiken wird ebenso aufgegriffen wie die die Modellierung von Volatilitäten. Und das Beste daran ist: Sie brauchen so gut wie keine mathematischen Vorkenntnisse. Sie lernen alles Schritt für Schritt.

UVK Verlag. Ein Unternehmen der Narr Francke Attempto Verlag GmbH + Co. KG
Dischingerweg 5 \ 72070 Tübingen \ Germany
Tel. +49 (0)7071 97 97 0 \ Fax +49 (0)7071 97 97 11 \ info@narr.de \ www.narr.de

Werner Gleißner

Der Vorstand und sein Risikomanager

Umgang mit Chancen und Gefahren der Unternehmensführung

2., überarbeitete Auflage 2019, 158 Seiten
€[D] 19,99
ISBN 978-3-86764-864-6
eISBN 978-3-7398-0431-6

Der adäquate Umgang mit Chancen und Gefahren (Risiken) ist bei einer nicht sicher vorhe sehbaren Zukunft von großer Bedeutung für den Unternehmenserfolg. Vor dem Hintergrund de Wirtschaftskrise 2007/2009 werden in einem fiktiven Dialog zwischen dem Vorstand und der Risikomanager eines Unternehmens – in einem Zeitraum von mehr als zwei Jahren – die prir zipiell vorhandenen Möglichkeiten und die praktischen Umsetzungshemmnisse einer wert- un risikoorientierten Unternehmensführung, auch durch unternehmensinterne Konflikte, plakat verdeutlicht. Neben Basiswissen zu oft noch neuen betriebswirtschaftlichen Methoden in Con rolling, Risikomanagement, Rating und wertorientierter Unternehmenssteuerung findet der Lese auch vieles, was er möglicherweise aus der Praxis kennt: Eitelkeiten und Eigeninteresse de Protagonisten.
Neben dem eigentlichen Dialog bietet das Buch eine betriebswirtschaftlich-methodische Einfüh rung zu rechtlichen Grundlagen, Nutzen und Methoden eines entscheidungsunterstützendes Ris komanagements sowie zu Rating und wertorientierter Unternehmenssteuerung.

UVK Verlag. Ein Unternehmen der Narr Francke Attempto Verlag GmbH + Co. KG
Dischingerweg 5 \ 72070 Tübingen \ Germany
Tel. +49 (0)7071 97 97 0 \ Fax +49 (0)7071 97 97 11 \ info@narr.de \ www.narr.de

BUCHTIPP

Serge Ragotzky, Frank Andreas Schittenhelm, Süleyman Torasan

Business Plan Schritt für Schritt

Arbeitsbuch

2., überarbeitete und aktualisierte Auflage 2020, 176 Seiten
€[D] 24,90
ISBN 978-3-8252-5226-7
eISBN 978-3-8385-5226-2

Konkurrenzanalysen, Verkaufsprognosen, Finanzierungsformen – Einen Business Plan zu erstellen ist gar nicht so einfach. Dieses Buch stellt Schritt für Schritt die wichtigsten Punkte für die Erstellung eines Business Plans vor: von der Planung über das Marketing bis hin zur Finanzierung. Die praxisnahe Umsetzung des Business Plans wird durch Fallstudien und Excel-Sheets unterstützt.

Diese Wechselwirkung von theoretischem Wissen und praktischen Anwendungsmöglichkeiten macht die Betriebswirtschaftslehre als Ganzes so reizvoll. Für die Erstellung von Business Plänen gilt dies im Besonderen, da hier nahezu alle für unternehmerische Entscheidungen relevanten Aspekte berücksichtigt werden.

Dieses Buch richtet sich sowohl an Studierende, die eine Hilfestellung im Rahmen einer entsprechenden Lehrveranstaltung benötigen, als auch an Praktiker:innen, die Business Pläne selbst erstellen müssen.

UVK Verlag. Ein Unternehmen der Narr Francke Attempto Verlag GmbH + Co. KG
Dischingerweg 5 \ 72070 Tübingen \ Germany
Tel. +49 (0)7071 97 97 0 \ Fax +49 (0)7071 97 97 11 \ info@narr.de \ www.narr.de